图灵教育

站在巨人的肩上
Standing on the Shoulders of Giants

TURING

图灵教育

站在巨人的肩上

Standing on the Shoulders of Giants

HANDMADE

写给大家看的DIY设计书

［美］卡门·谢尔顿（Carmen Sheldon）　　［美］罗宾·威廉姆斯（Robin Williams）　著

王晓波　译

Robin Williams Handmade Design Workshop

Create Handmade Elements

for Digital Design

人民邮电出版社

北 京

图书在版编目（ＣＩＰ）数据

写给大家看的DIY设计书 / （美）卡门·谢尔顿
（Carmen Sheldon），（美）罗宾·威廉姆斯
（Robin Williams）著 ；王晓波译. -- 北京 ：人民邮电
出版社，2020.7
ISBN 978-7-115-54082-9

Ⅰ．①写… Ⅱ．①卡… ②罗… ③王… Ⅲ．①设计学
Ⅳ．①TB21

中国版本图书馆CIP数据核字(2020)第088615号

内 容 提 要

这是一本充满创意，且能不断为读者提供创作灵感的书。两位设计师运用颜料、油墨、纹理、塑型膏
等材料，借助亮丽的图片、清晰的步骤，逐步指导读者如何运用传统工艺在数字设计创作中添加纸张、拼
贴画、雕刻和画作等手工元素，从而创造出了令人惊叹、真正独一无二的作品。

本书适合对设计和手工感兴趣的普通读者以及专业设计师阅读。

◆ 著　　　　 [美] 卡门·谢尔顿　罗宾·威廉姆斯
　　译　　　　 王晓波
　　责任编辑　 张海艳
　　责任印制　 周昇亮
◆ 人民邮电出版社出版发行　　北京市丰台区成寿寺路11号
　　邮编　100164　　电子邮件　315@ptpress.com.cn
　　网址　https://www.ptpress.com.cn
　　临西县阅读时光印刷有限公司印刷
◆ 开本：880×1230　1/24
　　印张：9.83
　　字数：291千字　　　　　　　　　 2020年7月第1版
　　印数：1-2 500册　　　　　　　　 2020年7月河北第1次印刷
　　著作权合同登记号　　图字：01-2019-6603号

定价：99.00元
读者服务热线：(010)51095183转600　印装质量热线：(010)81055316
反盗版热线：(010)81055315
广告经营许可证：京东市监广登字 20170147 号

版权声明

献给格雷格。谢谢你，亲爱的！

献给我的父母，多纳尔·里克特和拉维恩·里克特。是你们带我认识这个世界，我会一直想念你们。

——卡门

献给卡门·谢尔顿、芭芭拉·麦克奈丽和凯茜·桑顿。我怀念和你们一起在 JC 教书的日子。

——罗宾

感谢各位！

卡门，感谢你给我参与本书创作的机会！对于你选择将本书纳入"写给大家看的×××设计书"系列，我也备感荣幸。在编写和设计了60多本书之后，我不得不说，在此之前，还没有哪一本书的创作过程带给我这么多的快乐和满足感。这真是一段愉快的经历！谢谢你！

感谢我的爱人，约翰·托利特，感谢你耐心地帮助我们拍摄几百张照片并完成修图处理，你是那么善良、温暖。每当我和卡门感到既疲惫又烦躁的时候，都是你帮助我们想出新的案例。没有你，我该怎么办？

感谢妮姬·麦克唐纳（编辑）、芭芭拉·莱莉（校对）和戴维·范·奈斯（印制），感谢你们孜孜不倦地工作！

——罗宾

很多人鼓励我实现写一本书的目标。我亲爱的好朋友，罗宾·威廉姆斯，也一直鼓励我写书，而她本人已经为Peachpit出版社编写了多部计算机图书。但我认为，现有的平面设计书已然过剩，我没有什么可以补充的了。

然而，我在市面上却找不到一本涵盖我教给学生的那些不涉及数字应用技巧的书——我刚好可以填补这一空白。之后，我有了一个休假的机会，突然拥有了大把宝贵的时间。身处南美洲之时，我上午学习西班牙语，下午就利用空余时间在笔记本计算机上动起笔来。在一个异国城市的中心，就我最喜欢的美术用品和艺术手法写点什么，这种感觉既熟悉又令人欣慰。

当我奋笔疾书之时，我那坚忍的丈夫格雷格"尽职尽责"地学习着西班牙语课程。我敢说，他一定希望我对西班牙语的动词变位更加感兴趣，而不是把时间花在利用塑型膏来创作纹理图的技巧上，但他总是确保我有时间多写一章。格雷格甚至愿意承担艰巨的任务，帮我拍摄所有的分步图。对于他的辛劳以及对我的耐心和鼓励，我无比感激。

初稿即将完成时，我把书稿拿给罗宾看，并试探性地提议将本书纳入她的设计系列，罗宾热情地接纳了它。接着，罗宾和她才华横溢的丈夫约翰一起帮我完成了本书的出版流程，而我对这一领域完全不熟悉。他们帮我将所有作品整理成为一本令人惊叹的图书，并在其中加入了很多信息，也引入了无数漂亮的设计案例。没有他们的帮助，我根本无法做到。感谢二位，我爱你们。

我要感谢我出色的平面设计老师马克斯·海因，他给了我极大的鼓励，我也从他那里学到了很多。

当然，本书的真正灵感来自于我的学生们。我希望通过本书将信息汇总，这样他们在自己的项目中就可以参考借鉴。他们给予我热情的鼓励，教给我新的技巧，甚至为我的书撰写了部分案例。教授这样一个充满热情的班级，真是一次很棒的经历。

我还要感谢我的美甲师苏珊·多恩。作为一名画家，我的双手和指甲常常看上去糟糕极了，苏珊帮助我使它们在那些照片中看起来还不错。谢谢你，亲爱的。

最后，感谢Peachpit出版社冒险出版本书，因为它略微超出了技术范畴。妮姬，你一直那么支持我。我还要感谢戴维和芭芭拉在幕后的辛苦付出。

——卡门

来自罗宾的介绍

我和卡门认识三十多年了。我们相伴经历了人生的不同阶段：一起求学、开公司，见证彼此结婚生子，在亲人离世、离婚、再婚等时刻都陪伴在彼此身边，还曾共同远赴异国他乡。

你可能认为我和她或许有很多相似之处，但事实恰好相反，这一点你会从本书中窥知一二。举个例子来说，卡门是一名水彩画家并且精于插图创作，而我只会用油漆刷刷房间的墙壁而已。因此，卡门为读者提供的是优雅、精准、可爱的范例，而我通常提供的是由于惧怕使用画刷而粗枝大叶、快速完成的版本。如此一来，你便可以从两种风格中选择，并把它们混合在一起，从而创作出既胆怯、草率又不失优雅、美丽的个性化作品。

或许你已经尝试过一些手作艺术了，我也是。就在卡门带着本书的初稿找到我之前，我刚刚意识到我已经将手作技巧应用在了自己的很多作品中，其中最为特别的是

我的《莎士比亚研究》，那是一系列仅有 20 页的小册子，每两个月出版一册，每一册的设计风格迥异。例如，我将马赛克应用于插图，通过研究图书装订来创作我自己的微型书，并决心学习木版画。继而我发现并非只有我如此——整个设计界都渴望远离计算机设计，并重新使用我们的双手。

卡门早已走在这股潮流的前面——多年来，她给数字设计专业的学生授课，在这门课上，学生无须接触计算机。当课程结束时，学生们往往发现，一旦将制作纸张、泼溅颜料和泥塑这些与计算机无关的技术统统纳入创意工具库，他们便成了更棒的数字设计师。本书即这门课程的一个成果。

因此，本书属于卡门，我仅仅是帮忙而已。书中通篇都是她的想法。对于我写的内容，或者当不易区分某部分文字出自谁手时，我都会用姓名进行标记，以便读者区分。

尽管我和卡门有很多不同之处，但我们都认为作为数字设计师，是时候拓展可能性，学一些新的方法来创作独一无二的作品了。这意味着放下手中的鼠标，抓起画刷，被颜料弄脏又有何妨！

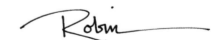

写作初衷

在当今这个数字时代，为什么要写这样一本书？毕竟，无数的网站载有纹理图、照片、插画以及各种字体，免费或仅仅以低廉的价格就可以获取。为什么还有设计师想要自己动手制作带有纹理的背景图，而不惜毁掉精心护理的指甲？在这个时代，设计师难道不是只要拥有一张 Visa 信用卡、一些很棒的链接和 Photoshop 使用技巧就够了吗？

不是这样的，相信我。尽管痴迷于苹果计算机，但作为设计师和教师，我仍然感到非常悲哀，由于我们不愿舍弃宝贵的计算机而导致千篇一律的设计如此之多。让我们推开舒适的靠背座椅，取出已经落满灰尘的美术用具，去创作一些体现人文精神的原创作品吧。

我并不是倡导放弃手头的数字工具而返回橡胶胶水和红膜的时代。我所倡导的是：设计师应该使用一些实物材料，通过将其数字化，并以富有表现力的、有效的平面设计充实它，从而创造出真正独特的作品。

现今的很多潮流和那些广为应用的技巧都源自手工制作工艺，而我们要做的是倒回去，尝试通过软件对那些图样和效果进行再创作。今天的设计师需要抬头看看这个世界，看尽它的繁华与凋敝，只有以此为灵感创作出的视觉图像，才能有效地向形形色色的读者传达信息。如果整日埋头对着计算机屏幕，那么只能设计出缺乏人文连接、与时代脱节的雷同作品。

没有哪个网站能够像旧金山现代艺术博物馆那样激发我的灵感；互联网搜索也无法像在芝加哥的摩天大楼之间划船那样对我产生同等的冲击力；甚至设计年刊也不能像加纳传统的彩色手织布料那样有着真实的触感。所有这些亲身经历都能为你的作品提供素材，它们带给你别样的原创构想。如果你努力变得更有创意、保持好奇心并积累了满满的视觉素材，那么等到需要发掘创意的那一刻，你头脑里的想法和概念就会像锅里煮沸的泡泡一样源源不绝地冒出来。

在南美洲休假期间，我有幸参观了智利诗人、诺贝尔文学奖得主巴勃罗·聂鲁达位于内格拉岛的故居。我总是着迷于那些富有创造力的人的生活，很好奇他们是怎样将琐碎的日常生活和创造激情完美结合的。聂鲁达的故居给我留下了深刻的印象。他把自己置于各式古怪的物件之中，而这些物件为他的诗歌创作提供了灵感，这一点与我有着共通之处。他收集各式各样的东西，比如古老的玻璃钢琴脚架、用旧了的陶瓷暖床炉、旧船上装饰船头的人像、虫子、贝壳。他称自己为"泛藏家"（他自己发明的这个词），而不是收藏家，因为他认为收藏家通常致力于收集某一类物品，并不断寻找这类物品中最好的，而"泛藏家"则收藏他所迷恋的任何物品，无论是否贵重或者品相是否完好。

我认为，聂鲁达就是我的知音。我也有收集物品的小癖好，虽然没有达到聂鲁达那样的程度，但我确实会收集一些东西，比如不同地方的几页美术纸、在一些奇怪的地方收集的短时效物品[①]、一些纺织品，以及民间艺术品。

但我主要收集各种创意——任何我感兴趣的东西的草图、我贴上去的小幅图样、激励人心的引文、我想用于平面设计的当代艺术品的工艺，并将它们保存于不同的笔记本中。

希望本书能够激励你成为创意"泛藏家"。希望我能够激发你的热情，去探索大千世界，勇于尝试，成为真正的原创者。

---

① 指的是明信片、票据等只在短期内有效的物品。——编者注

目　录

卡门为父母的演讲所制作的宣传页，其中应用了水彩中撒盐的技法来模拟鸟儿在天空中飞翔的效果。

罗宾应用马赛克技法为排印工人创
作的婚礼请柬。

Art like Life is a messy, sloppy, gooey infusion of enthusiasm & creativity.

弗雷德·B. 穆莱特

第1章

材料

在创作手工作品的时候，决定成败的一个非常重要的因素就是所应用的材料。就我自己而言，能否成功运用某种工艺往往也取决于所选择的材料是否适当。我很不喜欢刮画板，直到我找到了英国生产的埃斯迪刮刀板；水彩画筒直让人心烦，直到我发现了300磅①阿契斯牌水彩画纸；描图一直让我备受挫折，直到我开始使用康颂牌的维达纸。在我的职业生涯中，某些时候我可以轻松使用手头的任何材料把工作完成（包括在计算机上），但是在某些领域，我坚信只有最好的材料才可以帮我完成作品。

找到几款中意的产品，一直放在手边。如果你喜欢这些材料，就很有可能会用到它们。

① 1磅＝453.59237克。——译者注

1.1 创作介质

　　我之所以会成为一名美术设计师，原因之一是对纸张以及其他创作材料有种不容分说的痴迷和热爱。我喜欢它们的气味、触感以及视觉吸引力。无论去哪儿，我都会收集各种纸张，并把它们保存在工作室的大抽屉里。我用它们制作拼贴画、创作背景图、寻找灵感、绘制样稿，等等。往往一个项目就缘于一张不可思议的纸。

　　然而，如果选错了纸张或者创作介质，就会给项目带来不小的麻烦。因此，进行试验、提出可能出现的问题，以及充分了解你准备使用的材料是非常重要的。

　　我曾经在多种纸张和介质上尝试过创作，当然，也形成了一些特别的喜好。我鼓励你尽可能地学习并了解各类纸张和创作介质的特点。对于新发现的介质，通过实验来更好地了解它们。同时要关注新产品，提出各种问题。然后将你收集的纸张等收纳起来，既要保存得当，又要方便取用。

术语

画胚：指的是你的作品创作于什么介质之上。你所用的画胚有可能是纸张、梅斯奈纤维板、投影胶片、硬纸板、一片瓷砖、一面墙、一件T恤衫，等等。

板子：不是指木质板材，而是指坚硬的纸质画胚，比如压缩纸板。

插画板：一种坚硬的板子，其表面带有涂层，可以用记号笔、铅笔、钢笔等在上面作画，也可用于装裱已完成的设计作品。

卓越的耐久性：指的是可以永久保存，或者至少可以保存两百年。

布质纤维：指棉麻质地的纤维（布质），有别于木质纤维（纤维素）。布质纤维含量高的纸张不易破损，遇水后强度也不会明显减弱。这就是为什么纸币经过洗衣机的洗涤和烘干机的热烘后依然状态良好——纸币就是由含有 100% 布质纤维的纸张制作而成的。布质纤维确实是好东西。

粗糙质感：指有些纸张表面质地略微粗糙，当使用铅笔、木炭笔等在这样的纸张上作画时，更有摩擦感，有助于勾勒出淡淡的纹理。

预处理：有些画胚在使用前需要进行一些预处理，以使绘画效果更佳。例如在画胚表面刷上一层石膏底料，白色、透明色或黑色均可。还可以考虑使用吸水性底层媒介剂对画胚进行预处理（参见第 9 页或第 50 页）。

① 1 英寸 = 2.54 厘米。——译者注

证券纸

你可以用铅笔或记号笔在纹理细密的白色证券纸上绘制草图和布局设计图。证券纸通常是一叠，尺寸从 9 英寸① × 12 英寸到 19 英寸 × 24 英寸。设计师常常会从桌上的打印机里抽取 8.5 英寸 × 11 英寸规格的证券纸使用。

不管走到哪儿，我都会随身携带 3 英寸 × 5 英寸规格的卡片来"捕捉灵感"。我最喜欢的卡片是那种小巧、不带任何线条格子的白色证券纸——准确地讲，是卡片纸。（罗宾则常用苹果手机里的记事本来记录灵感，记录内容可以同步到她的邮箱和苹果计算机中。）

描图纸

描图纸是一种薄薄的半透明纸，你可以把它覆盖在一个图案上描画。描图纸通常是一本或者一卷，各种尺寸和克重的都有。

可以使用克重小的描图纸来创作小样（小巧、快速勾勒的创意草图）以及描图。

我喜欢用克重大的描图纸，也称为**仿羊皮纸**。记号笔和 Prismacolor 油性彩铅在这样的纸上描画顺畅，而且纸张耐擦，禁得住橡皮的涂擦，甚至可以用 X-acto 多用途小刀刮去记号笔留下的色彩。Canson Vidalon 90 克和 110 克的两种纸是我的最爱。

半透明设计图纸

这种纸的透明度比描图纸略差，但透光度比一般的证券纸要好。

纤维质感使它非常适用于铅笔、木炭笔和彩色粉笔。品质最好的半透明设计图纸含有布质纤维，这使它的强度更大，吸水性更好。

还有专门为记号笔设计的半透明设计图纸，这种纸可以保持记号笔线条的光滑流畅，墨水不会洇纸。我所中意的品牌是 9 英寸 × 12 英寸的 Bienfang Graphics 360 纸。

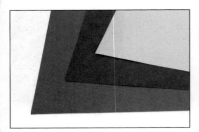   

印刷纸

可以在售卖美术用品、手工用品、剪贴簿的商店或者网店买到印刷纸（用于商业印刷的纸张），这种纸有两种克重，分别用于印刷封皮和内页。印刷厂和纸张制造商也可以提供样纸。当你向客户提交末稿（2D项目设计稿的成稿）时，如果使用的是作品完成后付诸印刷时实际将要用到的纸张，那么客户将能够更加准确地感知成品的效果。

设计师还可以从纸张制造商那里获得不同印刷纸制成的样书。

金属纸是薄薄的箔片，有固定的或可剥离的背衬。当你想模拟锡箔冲压效果或者设计饮料标志时，可以使用金属箔片纸来出末稿。

艺术纸

艺术纸通常纸张面积很大，价格不等，便宜的每张1.10美元，贵的每张30美元以上。当创作富丽壮观的拼贴作品或将有趣的纹理和背景集成到作品中时，艺术纸的效果非常好。

艺术纸很容易扫描，只是需要确保不要扫描有版权保护的艺术纸。一些价格较高的纸张实际上是"艺术品"，纸张艺术家对其享有版权。在扫描一张艺术纸之前，需要检查纸张背面，确保没有版权保护，之后再用于你的设计作品。吃官司可一点都不好玩儿。

水彩画纸

品质好的水彩画纸中布质纤维含量比较高。

水彩画纸分为**冷压和热压**：冷压的表面有纹理，热压的表面呈现光滑质感。

水彩画纸的克重越大，在上面用水性颜料作画时纸张越不易变形。140#（140磅）水彩画纸适用于绝大多数的作品。

在创作时，优质的水彩画纸，比如Arches、Rives BFK、或者Lana（法国出品），纸张表面的质感都令人非常愉悦。

油画画布

罗宾不太适应在水彩画纸上创作，因此她更喜欢使用油画画布。她通常会买9英寸×12英寸大小的画布，这个尺寸不算很大，不会让人望而生畏，而且正好可以用于扫描仪。油画画布不会像水彩画纸那样容易起皱，加之罗宾通常使用丙烯颜料。

还可以成卷儿购买油画画布，或者购买绷好木条的画布。通常我们会在画布表面涂抹一层石膏底料打底，这称为预处理（参见第7页），用来确保后续的创作效果。有些画布出厂时就已经经过预处理，可以直接使用。

    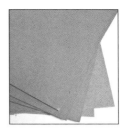

布里斯托纸板

布里斯托纸板是一种白色的坚固的纸，通常经久耐存，可以按张购买或整本购买。纸板厚度在1到5层之间，即表示由多少层纸压制而成。纸板的正反两面都可以用来创作。

有些颜料需要纸张表面有一些粗糙质感，仿羊皮纸效果的布里斯托纸板就很适用。而对于钢笔、油墨、铅笔以及喷涂——任何需要光滑表面与之配合的干性颜料，表面光洁度高的纸板则更适合。此外还有一种优质布里斯托纸板，比如 Strathmore 品牌 400 到 500 型号，它由棉花纤维制成，可以承受橡皮反复涂擦而不会"起毛"。

梅斯奈纤维板

梅斯奈纤维板，或**硬质纤维板**，非常廉价、坚硬并且经久耐用。使用 GAC 100 或 GAC 700（参见第 8 页）对其进行预处理，之后再刷一层石膏底料（参见第 7 页），这样在使用时便可以防止颜料渗入底板。

罗宾喜欢用梅斯奈纤维板，因为用这种材料进行创作时，感觉没有那么紧张——梅斯奈纤维板质感比较粗糙且价格低廉，没有漂亮且昂贵的水彩画纸那么"虚荣"和引人非议。即使不得不把它扔掉，你也不会太难过。

艺术面板，艺术板

这些硬质纤维板镶板或者艺术板已经用石膏底料进行过预处理，可以直接作画。有的表面光滑，有的表面带有画布纹理，也有覆有黏土涂层的刮画板。

"镶边"面板的四周有一圈围边，如上图所示。围边有保护或装饰边缘的作用，这样当你用它完成一幅数字设计作品后，可以直接当作装饰画挂起来。

有机玻璃

从美术用品店或特定商品店购买的一块廉价有机玻璃，可以用作版画创作中的墨板（参见第 6 章）。

可以在有机玻璃的双面进行创作，从而使艺术作品带有一种纵深感。尝试一下第 26 页提到的不透明裂纹媒介剂——在有机玻璃的一面刷上这种打底用媒介剂，待彻底干透后用水性丙烯颜料或水彩颜料覆盖，让颜料渗透到裂缝中。在有机玻璃的另一面，应用不同技法，不要完全遮盖住渗入的颜料。

切割有机玻璃时，在玻璃的一面用美工刀划好切割线，然后将玻璃平放在一张结实的桌子上，在桌面边缘处将其折断。

刨花板

刨花板是一种价格低廉的材料，质地坚硬，通常为灰色或棕色，用来制作外包装和模型样品（成品的三维仿制品）。刨花板有各种尺寸，厚度从 1/16 英寸到 3/16 英寸不等。鉴于刨花板尺寸繁多并且价格低廉，设计师们对其爱不释手。

便签本背面的硬纸壳就是刨花板。

另一种密度更高、品质更优的刨花板叫作**精装书板**或者**活页夹板**。

1.2 各种打底材料

调色盘

我的调色盘是那种塑料的长方形大盘子，上面分布着盛放不同颜料的凹格，顶部附有一个盖子。有些**水彩**画家使用大个的白色单格托盘来当调色盘。可供调色的区域是否够大是个很重要的考量因素（我发现小型调色盘功能不够强大）。

残留在调色盘上的水彩颜料即使已经干了十年，只要加上些水，还可以重新使用。真的很神奇！所以尽管把颜料留在调色盘上面吧。

对于**丙烯颜料**，则需要使用一次性调色盘，并仅仅挤入适量的颜料，因为丙烯颜料干了以后会变成塑料。

画刷

对于**水彩**，一般使用天然发刷。对于**丙烯颜料**，需购买合成材料制成的画刷。而对于印度**油墨**或含有**阻隔剂 / 遮盖剂**的画作，则需使用专用画刷（咨询一下销售人员），切勿混用。

卡门是一位艺术家，因此她习惯使用优质、昂贵的画刷并将其保护得很好。而我可算不上什么艺术家，因此通常购买便宜的画刷，也没有那么爱惜。我会在手边放一罐水，把用过的画刷往里一扔，直到有时间才想起来清洗。这样的随意让我觉得"绘画"没有那么令人生畏。

达琳·莫艾洛依教我在使用丙烯颜料时用硬纸盘（参见第 1 页）充当调色盘。由于丙烯颜料干了以后会变成塑料，因此你可以重复使用调色盘而不会使颜料混色。用过的硬纸盘最终也会变成好看的艺术品！

——罗宾

水彩颜料

水彩颜料是透明的，即使干了也保持着水溶性的特点。这意味着你可以用一把湿画刷涂改已经干了的水彩画，或者在原有画作之上覆盖一层新的水彩颜料，两层颜料将会融合在一起。这还意味着水彩颜料只能在不具有防水功能的表面使用。

我个人偏爱 Winsor & Newton 艺术家级水彩颜料，再加入一些 Daniel Smith 颜料颜色就会很好看。Grumbacher 牌的学生级颜料用起来也不错，尤其是打造纹理效果时。你可以找一种销量好的水彩颜料，存一些备用。

你会发现有些色彩的颜料价格高于另外一些色彩。那是因为从钴蓝中提取的颜料比其他颜料要稀有得多，比如说，生产赭石颜料的泥土材料就相对便宜。但是如果你确实离不了钴蓝颜料，那么就只有刷爆信用卡了。

丙烯颜料

丙烯颜料本质上是不透明的聚合物水彩颜料。你可以加水稀释，这样透光性会略好（但是不要加入超过 30% 的水，否则稀释后颜料无法上色）。或者也可以加入亮光剂、颜料媒介剂或凝胶来对丙烯颜料进行调和（后面会介绍），以使其延长干燥时间。未经稀释的丙烯颜料具有速干特性，大概 10~15 分钟即可干燥。

干燥之后，无论水、颜料媒介剂还是凝胶都不能将丙烯颜料溶解，因此你可以将所有这些物质（丙烯颜料、颜料媒介剂和凝胶）通过适当的方式混合在一起。而且与水彩颜料相比，丙烯颜料适用于更加丰富的绘画表面。

硬质丙烯颜料：质地非常硬，像覆盖了一层薄霜。亚光效果。

软质丙烯颜料：质感像浓稠的奶油，不留刷痕或仅留轻微刷痕。干燥后带有磨砂效果。

液体丙烯颜料：液态颜料，色彩饱和度高，非常适合泼画法及应用于织物。

可以通过调节加入凝胶和颜料媒介剂的比例来改变丙烯颜料干燥后的画面效果。对于很多需要数字化的项目来说，从工艺商店和特定商品店购买的丙烯颜料（上图中右边）就已经可以满足要求了。

石膏底料

传统上，绘画前要在画胚上刷一层石膏底料来进行预处理（原本用来进行预处理的材料中含有兔皮胶），这样可以使油性颜料更好地附着在绘画表面，并且石膏底料干燥后可以阻止画胚上的灰尘或油脂侵入到颜料表层。现代丙烯石膏底料也是一种聚合物媒介剂，与丙烯颜料搭配使用效果非常好，还可以用来给任何画胚打底。

如果你对你的画作不太满意，那么就在上面涂一层石膏底料，再画一次吧。

用石膏底料来制造纹理效果也非常棒——可以尝试搭配使用调色板刀或者油灰刮刀。

7

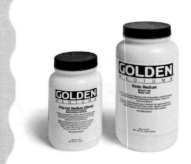

颜料媒介剂

"颜料媒介剂"听上去像个专业术语，但实际上只不过是瓶瓶罐罐上标注的名称而已。颜料媒介剂呈流动的液体状。

本书中将要用到两种媒介剂，一种是**亚光媒介剂**（它带来的当然是亚光效果），另一种是**聚合物媒介剂**（它带来的是光面效果）。这两种媒介剂都是液体状，比凝胶或者膏体具有更好的流动性。

你可能会将媒介剂与丙烯颜料混合使用，来调节丙烯颜料的上色效果，使其更加厚重或是轻薄、透明；还可以用它来制造纹理效果，抑或延长丙烯颜料凝固时间，这样更便于用它作画（丙烯颜料干得非常快）。

在所有的聚合物媒介剂中，媒介剂越有光泽，其透明度就越高。带来亚光效果的媒介剂往往呈半透明状，尤其当涂抹厚厚一层时。我们需要记住它们各自的特性，并在选择产品时加以注意。

GAC 媒介剂

GAC 媒介剂是配制其他丙烯媒介剂的原料，它们基本不含增稠剂和其他添加剂。

每种 GAC 媒介剂都能以特殊的方式改变丙烯颜料的特性和外观，因此请阅读产品标签。例如，不同种类的 GAC（数字标号为 100、200、900 等）分别可以给画作打底、将织物硬化（可以在上面做些雕刻）、将画布拉抻（便于绘画）、增强在光滑表面的着色能力、增加颜料的硬度和透明感、使表面质感非常有光泽（着色层亮度好）、与丙烯颜料混合具有抗洗涤的特点，等等。

本书中并没有涉及应用 GAC 媒介剂的案例，但是你一定会在美术用品店见到它们，因此希望你对 GAC 有个基本的了解——也许你会开始尝试使用它们！

凝胶

凝胶通常罐装保存，分为软、中、硬三种版本，每种版本又分为亚光、半亮光和亮光几种效果。凝胶实际上是不含色素的丙烯颜料，具有增稠性（这一点与媒介剂不同，媒介剂具有稀释性）。

凝胶的作用包括提高画作亮度（使丙烯颜料的透明感增强）、增强纹理、提升颜料延展性、调节表面光泽度、顺利转印图像，等等。

当创作拼贴作品时，将软性亮面凝胶用作黏合剂效果格外好。

焦油状凝胶是一种可倾倒使用的凝胶，极其有光泽，而且具有非常好的流动性——将它滴于画作表面，会使画面更加闪亮。

有些凝胶中含有细玻璃珠或浮石粉，这些**含有杂质的凝胶**能够带来意想不到的创作效果。

小窍门！所有的聚合物媒介剂在**干燥前**都是可溶解于水的。可以用肥皂和水清洗画刷。不要摇动盛有聚合物媒介剂的容器。当将聚合物媒介剂加入到丙烯颜料中时，需要轻柔地搅拌。

塑型膏或模型膏

这就是 2.2 节创造奇妙的纹理效果时需要用到的材料。塑型膏本质上是一种很厚重、不透明的凝胶，其中混有大理石灰。塑型膏干燥后为白色（而凝胶和媒介剂干燥后呈透明状）。它能够打造出相当光滑的表面，颜料有可能会有积水一样的堆积效果。

轻质塑型膏不含大理石灰，而是含有一些微小的气泡，因此质地轻盈、柔和。它能够创造出多孔的表面，颜料会以非常有趣的方式在其表面渗透、流淌。

你也可以使用塑型膏来增强颜料的延展性，但加入塑型膏不会像加入凝胶和媒介剂那样使颜料具有透明感，尽管这种处理方式会使颜料的色彩略微变浅。

摩宝胶

摩宝胶即原来的蝶古巴特媒介剂。它价格低廉、品种繁多，可用作密封胶、胶水或面漆（需打磨）。

吸水性底层媒介剂

吸水性底层媒介剂是为那些想在画布上作画的水彩画家开发的。它可以应用在任何厚重的表面上，使其像水彩画纸一样具有吸水性。你可以涂上薄薄的几层，每层干燥后再涂下一层，以此制作吸水性纹理。

数码打印底层媒介剂

几乎任何物体表面都可以涂上数码打印底层媒介剂（白色或透明），然后放入喷墨打印机中打印。这样一来，锡箔纸、丙烯颜料片（将丙烯颜料倾倒在一片塑料板上，然后剥离下来）等都可以放入打印机中进行数码打印。将刷好数码打印底层媒介剂的底板贴到一张证券纸上，然后放入普通打印机即可。制作案例请参见第 139 页。

小窍门！

- **至少要买**一桶磨砂或者半光面凝胶和一桶亚光媒介剂，然后使用它们来创作手作元素。只有使用之后才能发现它们的特点和益处。

- 所有的聚合物产品也都是**黏合剂**，所以可以使用任何凝胶或媒介剂来粘贴纸张和物品。

- 有些时候，我仅仅想给一个项目加点**染色**或**涂色**效果，而不想遮盖页面原有的纹理或图案。要做到这一点，只需在媒介剂或凝胶中加入一点丙烯颜料。这样就可以对页面的局部或者整体进行染色，既能达到转换色调的效果，或者起到协调页面中的元素（或其中部分元素）的作用，同时又不会遮盖原有的任何纹理或图案。

- 因为我会扫描自己的很多作品，所以会尽量避免使用使作品表面光泽度太高的高光媒介——我不希望由于扫描光线照射到光亮的作品表面发生反光，而在扫描图像中留下**热点**。磨砂表面就不会造成反光。

- 但是请记住，媒介剂的光泽度越高，干燥后的**透明感**就会越强。

1.3　转印图像

无论创作何种形式的手作插图，都经常需要将选中的图像转印到另外的画胚（例如刮画板、橡皮切块）上。

下一页所介绍的技法既快捷又经济，因此当需要最终图像与原图大小相同时，这种技法简直棒极了。但是请记住，你是一名数字设计师，这意味着你可以将图像扫描然后加工处理，最终得到想要的任何尺寸。

如果需要将图像打印到描图纸上，只需将描图纸用胶带贴在一页打印纸上，注意在四周各留出 2 英寸宽的空白，然后将贴好的纸放入复印机或打印机中即可。

当需要将图像转印到一个尺寸比较大的表面上时，可以尝试使用数字投影仪将其从计算机中投影出来。很多图书馆保留了"反射式投影仪"（真是一项伟大的古老技术），他们可能允许你使用。如果需要经常转印放大或缩小的图像，请访问 Artograph 网站，查看他们的艺术投影仪（或灯箱）系列，只需花 50 美元就可以买到一个小型的。

工具和材料
- 各种图像：从计算机中打印出来的图像、摘自没有版权保护的样册的图像、手绘图形，等等
- 各种画胚：布里斯托纸板、水彩画纸、刮画板、插图纸板、油画画布，等等
- 描图纸
- 2B 铅芯的 0.7 自动铅笔（或者任何软芯铅笔）
- 石墨纸（可选）

用石墨纸转印

1. 首先使用优质的描图纸和细尖笔或深色铅笔，仔细地将选中的字体或图像描到描图纸上。用小贴纸或遮蔽胶带贴住纸的边角，防止描图纸滑动。如果需要描画得非常精细，则可借助于灯箱，或者将选中的图案和描图纸贴到窗玻璃上。

2. 在描图纸上得到图像之后，将一张石墨纸正面朝下放在画胚上（在这个案例中，我将图像转印到了橡皮切块上）。将描好的图像放在最上层，在图像上再画一遍。笔触一定要有力，以确保图像顺利地转印到画胚上。

用铅笔转印

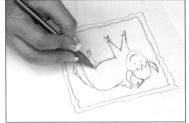

1. 在一张描图纸或其他轻薄的纸上，画或者描一幅图像。确保图案漂亮而且颜色是深色的。

3. 把描图纸再翻回到正面朝上，并小心地将以铅笔涂抹过的一面覆盖在选择的画胚上。再用小贴纸、遮蔽胶带或医用胶带（可从药店购买）将描图纸牢固地粘贴于画胚上。

4. 用点力道再次将图像描画一遍，但也不要用力过猛。

2. 将描画好的纸翻转过来，用软芯的铅笔把背面全部涂黑。把描画的部分全都遮盖起来。

5. 将描图纸的一角掀起来看一下，确保已将图像清晰地转印过去。

> **小窍门！** 可以用熨斗将图像转印到一些画胚上！
>
> 如果你的图像来自复印机或激光打印机（并非喷墨打印机），那么可以用家用熨斗或者热转印工具（左图）通过加热，将图像转印到木头、布料、玻璃及其他物体表面。热转印工具可在工艺用品店购买。
>
> ——罗宾

1.4 加热、切割、辅助折痕、打孔

工具和材料

- 钢尺：18英寸软木背尺、曲线尺、中心定位尺
- 用于制作辅助折痕线的压轮器（纱窗压密封条用的工具）、比萨滚轮切刀
- Carl 滚动切纸器、装配切纸刀、辅助折痕刀、曲线切纸刀
- Martha Stewart 圆形切割器
- 带有不同针头的辅助折痕针
- 带有尖头的抛光器，可用于制作辅助折痕
- 骨质折痕刀
- 配11号刀片的X-acto多用途小刀
- 旋转刻刀
- 剪纸用剪刀
- 丙烯颜料滚筒
- 美工刀
- 大力金刚刀
- 舍德勒尺

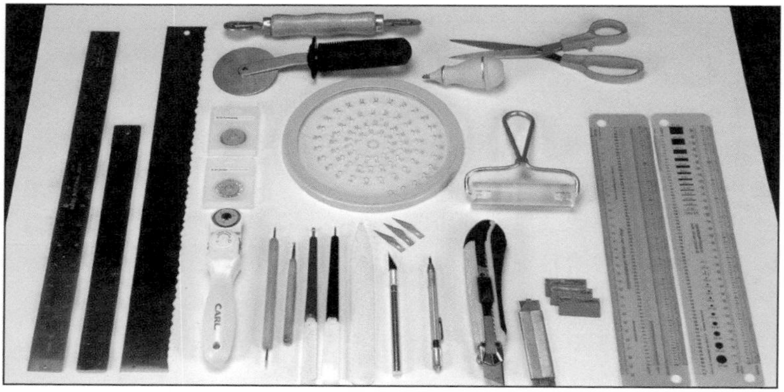

　　上图中展示的好几样工具我已经使用30多年了。如果爱惜好用的工具，它们是可以伴随我们一辈子的。我信赖高品质的工具，因为它们能够使创作变得简单。记住，在平面设计中，时间就是金钱（这就是我对苹果计算机推崇备至的原因——我可以依赖它！）。因此，我会买能负担得起的最好的工具和材料，然后尽量爱惜它们。我会及时清洗这些工具，把它们存放在盒子或者塑料储物箱里，这样既可以妥善保管，也便于找到。

　　当然，当你开始着手创作时，并不需要用到所有这些工具！ 我只是希望你能了解它们，以便在需要使用的时候，知道它们是什么样子的。然后请记住，一旦你研究任何一种工具，就会立即发现它的诸多用途！

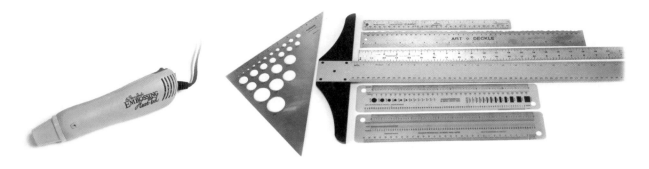

加热枪

是的，它的外形看上去像个吹风机，但是会释放更多的热量，并且产生极小的风（不要把它用在头发上，否则会把头发烧掉！）。你会发现，在我们创作各种风格华丽的作品时，加热枪是个非常方便的工具，没有它的帮助，本书4.9节中的粉末凸印法就无法实现了。

自修复雕刻垫板

请参见本书第117页，了解进行雕刻创作时拥有一块自修复雕刻垫板是多么重要！

钢尺

当你需要用 X-acto 多用途小刀进行雕刻时，没有什么比 18 英寸**软木背尺**更好用了。软木背板有助于保持尺子稳定，防止它在雕刻时打滑（如果雕刻时使用塑料尺子，锋利的刻刀很容易刻到外面，致使整个作品全部废掉）。软木背板将钢尺抬高，使其不直接接触纸张，这样可以保护数字打印的图像。如果你在上油墨，则可以防止油墨被蹭花。

我利用**中心定位尺**来悬挂展示图或某些拼贴元素，因为它能即刻找出中心点。

当创作带有毛糙感的边缘时，**曲线尺**是个非常便利的工具——将它放置在一张纸上并压住，然后将纸向上拉，紧贴曲线尺，沿着曲线边缘撕开。

测量工具

舍德勒尺很不错——如果需要测量像 1/64 英寸那么短的长度，舍德勒尺正合适，因为其上的每英寸刻度被平均细分为 64 个小刻度。舍德勒尺由一种非常稳定的材料制成，任何你能想到的长度单位在它上面都有体现。这种尺子的柔韧性也很好，可用来环绕测量类似饮料罐这样的物体。舍德勒尺很薄，其本身的厚度不会影响测量结果。舍德勒尺价格不便宜（大概30美元一套，内含两把尺子），但其测量精准度非常高。

当组装模型时，我会使用**钢尺**，因为它们不会被刀割坏，而舍德勒尺很容易因为刀打滑而被割坏。

如果你在尝试找到中心点或者将一个特定宽度分为几份，例如六等分，那么**一张纸条**和**一支铅笔**就可以轻松解决问题。只需按所需份数折叠纸条，打开的纸条上便有你想要的标记。哇哦！无须计算！

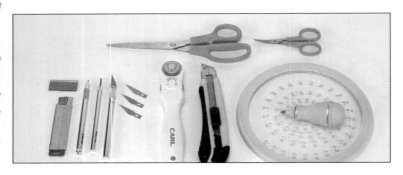

切割工具

我的包里总是装着一把亮粉色的 **X-acto 多用途小刀**（实际上我包里的所有东西都是亮粉色的）。我不知道什么时候会被要求在极短的时间内提交一份末稿，而我不想对此没有充分的准备或者因手边工具不足而无法完成。

这些年来，我观察到一个现象：设计师们往往追求使用先进的技术，而在自己的美术用品装备上却很吝啬。他们必须拥有最先进的计算机和软件，却不愿意为雕刻工具多配置几片额外的刀片。结果，他们会割坏好几张价格昂贵的照片纸，或者仅交出一份不怎么样的末稿，只因为不愿意花时间为 X-acto 多用途小刀更换刀片。

工欲善其事，必先利其器。这便是关于切割工具的另外一个问题。这也就是说，不要用精致的 11 号刀片切割厚重的硬纸板。与其这样，还不如偷用你心上人的干壁刀，或者自己买一把。但是，也不要用**巨大的美工刀**去切割精致的仿羊皮纸，否则必然会导致纸张边缘皱皱巴巴、参差不齐。

此外，一定要及时更换刀片。

有几种带有特殊功能的切割工具都值得考虑购买。有一种**圆形切割器**（参见上图）适合切割圆形的包装标签或贴纸。Martha Stewart 和 Making Memories 这两个品牌的圆形切刀都很不错。

还有一件工具我会时不时地拿出来用用，就是**旋转割刀**（参见右图）。这是一种可以旋转的工艺刀（类似于 X-acto 多用途小刀。实际上，X-acto 配有可旋转刀片），让你在切割弧线时更得心应手（如果你手上有老式法国弧线尺，可以将它当作模板使用）。

当看到卡门收藏的各种剪刀时，我羡慕极了，立刻给自己也购置了一套。我用它们来剪彩色美术纸，并应用于本书的设计，你所看到的左手页每页的边缘效果就是这样来的。

——罗宾

我喜欢我那些**精美的剪刀**，它们带有装饰性的刀刃，能够在纸上剪出风格独特的边缘。

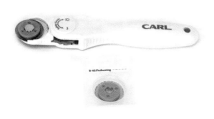

打孔工具

当需要创作末稿（实物，用来向客户展示最终成品效果的 2D 摹本）时，一切细节都要体现出来。例如，当你创作了一本画册，它带有一个可撕下的卡片供寄回之用，那么为什么不加上真实的齿孔呢？

一家名叫 Carl 的公司生产非常好用的滚动切纸器，如上图所示。通过更换功能各异的刀片，你可以轻易切割出不同样式的装饰性边缘，并可以实现打孔、裁边，或者在纸上制作辅助折痕的功能。

我要省下每分钱，总有一天我会花 300 美元购买那种可以完美地同时切割 30 张纸的豪华型切割刀。

辅助折痕工具

辅助折痕工具可以起到使折叠痕迹整齐、漂亮的作用。你可以多收集一些这种有用的工具，也可以选择拉开厨房的抽屉，取出**比萨切刀**。

在制作辅助折痕时，我会用到好几种工具，因为我喜欢按纸张类型选用不同的工具。例如，如果在精致的仿羊皮纸上制作折痕，我会使用带有细小尖头顶端的**压花工具**（上图中最右边那个）。而当组装一个由厚重的硬纸板制成的大型标牌模型时，我可能会用到一种**抛光器**，它的顶端带有一个豌豆粒大小的球体。

制作辅助折痕时，借助尺子将工具沿着折线外侧划出辅助折痕。这样制作出的折痕非常工整。折好之后，再用**骨质折痕器**（参见右上图）在纸张外侧对边缘进行整理。

抛光工具

在上图中，从左到右依次是**滚筒**、**骨质折痕器**和**垫板**。你也可以使用一个大个金属勺子的背面，小勺子也可以，哪个更合适就用哪个。如果有中间图片中显示的正规**抛光工具**（图片中带有彩色手柄的三件工具），当然更好。

抛光工具可以把拼贴作品中翘起的边角压平，使其便于扫描，还可以使数字打印稿紧紧贴附于背板上，并帮助版画中的油墨顺利转印到纸张上面。

抛光工具可以帮助我们节省大量时间，因为我们将生命中一半的时间都花费在 Photoshop 修图上面。但假如作品的创作始于优质的工艺，那么就根本不需要花费这么多时间进行后期修图。

1.5　黏合剂——粘上去

工具和材料

- Xyron 自制贴纸机
- 热熔胶枪
- StudioTac 干性胶
- 橡胶胶水及胶水去除剂
- Easy-Tack 可重新定位黏合剂
- 艺术家喷胶
- Super 77 多用途喷胶
- UHU Tac 塑料黏合剂
- Yes! 牌胶膏
- Yasutomo Nori 慢干粘胶
- 装订胶水
- Aleene's 多功能万用胶水
- Amazing Goop 万能胶、Amazing E-6000 及其他万用胶
- Goo Gone、3M 除胶笔及 Gunk & Goo Remover 除胶纸巾

　　"黏合剂"这个词会让许多数字设计师恐慌。仅仅是想到有任何黏糊糊的东西将要靠近他们珍贵的数字打印稿，就足以让他们抓狂。因此，客户常常只能看到用相纸打印出来的文件，或者只能通过 13 英寸笔记本计算机的屏幕看看 Illustrator 文档，而不是一份完美的末稿。这类设计师往往会疑惑：为什么创意总是难以得到客户的认可？

　　设计师们需要振作起来，深呼吸，直面恐惧：拿出 X-acto 多用途小刀及适当的黏合剂，将数码演示稿装裱起来，或制作一个漂亮的手工模型，或准备一幅原版插画。对很多客户而言，如能展示一件工艺良好的模型或设计末稿，会使项目的效果看上去更加"逼真"，从而帮助设计师更好地"贩卖"创意。

Xyron 自制贴纸机

这一产品是热衷于制作剪贴簿的人群的最爱，因为它能够自制贴纸、标签、磁力贴，或者为任何打印作品或装饰纸张制作压层。其工作原理是通过小轮轴将一层薄薄的黏合剂转印到材料上。

我很喜欢使用这个工具，因为不必担心喷雾黏合剂喷出的薄雾会沾到别的东西上，搞得一团糟。而且 Xyron 的黏合剂只会涂抹上薄薄的一层，因此你的数码演示文稿不会出现局部的突起。当喷雾黏合剂发生滴溅，或者胶水涂抹得不均匀时，都会出现突起的现象。

Xyron 并不便宜。配合 8.5 英寸 × 11 英寸的纸张使用的自制贴纸机的价格是 120 美元，每个替换胶盒 35 美元。我认为这个价格是值得的，因为我不会把数码打印文稿弄得乱七八糟，也不会在工作时吸入黏合剂的喷雾，更不会发现我那可怜的贵宾犬 Zinnie 的耳朵上沾满灰尘。

热熔胶枪

热熔胶枪原本是手工艺人和木匠在工作中使用的，我们得为这个趁手的工具感谢他们。你能买到任何颜色、尺寸和温度的热熔胶枪。我常常用它来创作拾得艺术品插画。我喜欢用比较高的温度来粘贴，因为高温会使胶黏得更好，也不会太黏稠。但是，我也曾经在拼贴很棒的作品时被烫伤过一两次手指，所以使用时需要小心。尽管有被烫伤的危险，但当你需要将一些小东西摆放在不太牢固的位置，并用胶固定的时候，没有什么工具比热熔胶枪更好用了。

不过，不要将热熔胶枪用于软陶（适用于软陶的黏合剂请参考第 20 页）。

StudioTac 干性胶

每个设计师的工具箱里都应该存放这个方便的工具，它既便携又干净，还很好用。通常，StudioTac 带有一层衬纸，有一些微小的粘胶点临时附着在上面。通过抛光工具，你可以将黏合剂转印到纸张或者其他材料上，而这种干性胶尤其适用于在拼贴画上粘贴小配件。

StudioTac 分为永久性和低黏性两种版本。当你想临时将一幅作品装裱于一块演示板上，过后还需要将同一幅作品转印至作品集页面时，采用低黏性版本刚刚好。它使用起来非常方便。

> **小窍门!** 任何聚合物凝胶或者媒介剂（参见 1.1 节），包括丙烯颜料，都可以作为黏合剂使用，它们在干燥后都不溶于水！

橡胶胶水和胶水清除擦

在我的整个创作生涯里，我已经用掉了好几加仑[①]的橡胶胶水。在计算机设计还不是很普遍的年代，当需要将作品粘贴到一个"背板"上时，橡胶胶水是仅次于热蜡的黏合剂。而现在我已经不再使用橡胶胶水了，我找到了好几种替代产品，其气味也没有橡胶胶水那样刺鼻。尽管如此，橡胶胶水还是有很多优点的，比如，在完全干燥前，还可以把贴上去的纸张扭动几下以便移动位置，而不会使纸张弯曲起皱。

胶水还需要配合稀释剂使用。橡胶胶水中含有的一些化学物质挥发得很快，挥发后会留下一个橡胶团，无法摊开成为薄薄的、均匀的一层。所以使用橡胶胶水时，有必要随时在手边放上一瓶稀释剂，以便需要时加入，以保持延展性。

准备或者自制一块**胶水清除擦**（如上图所示，或参见第 89 页），清理渗出的多余胶水。

Easy-Tack 可重新定位黏合剂

这种黏合剂可实现重新定位，是一种低黏性喷胶，由 Krylon 公司出品，当需要临时粘贴时比较适用。

在将作品收入作品集时，我通常会使用 Easy-Tack。当通过屏幕打印将物品登记在册时，我也会用到这种黏合剂。

> "Tack" 在这里指某物的黏性。

艺术家喷胶

这种喷胶没有 Super 77 黏性大，但是用于粘贴一般纸质作品足够了。

如果需要黏合得更加牢固，可以在相互粘贴的双方表面各自喷上一层喷胶，稍稍晾干，然后将二者贴合在一起。你需要一次性将二者精准贴合，因为双面喷涂的方式比强力磁铁贴合得还要紧固。

Super 77 多用途喷胶

这个喷胶可以帮你把地毯紧紧粘在地板上——工业级别。如果你希望黏合后的二者再也无法分开，那么就用这个喷胶吧。

一定要确保喷嘴清洁：用完之后，把罐子倒过来，拿一张纸巾，对着纸巾喷两下，然后用纸巾将喷嘴仔细擦拭干净。

[①] 1 美制加仑 =3785.411784 毫升；1 英制加仑 =4546.09188 毫升。——译者注

UHU Tac 塑料黏合剂

还记得以前我们会把喜爱的摇滚明星的海报贴到墙上吗？我们把那种白色的黏糊糊的东西叫作"海报泥子"。UHU Tac 就是类似这样的产品——暂时性的黏合剂，可以用于拼贴画或者用来粘贴拾得艺术品，可随意修改，无须作出任何承诺。我们都很清楚，我们亲爱的客户对于作出承诺有点恐惧。

Yes! 牌胶膏

这种胶膏因其便捷性多年来深受剪贴画家们的喜爱。如果使用得当，它不会留下一点痕迹。这种胶膏不会变黄或开裂，粘贴效果很完美。

但是 Yes! 牌胶膏并不容易使用。你需要用废纸和刮板类的工具（一块方形的旧垫板、一个塑料抹墙工具，或从五金店购买的油灰刮刀）来涂抹胶膏。刷子并不适用于 Yes! 牌胶膏，因为刷子的刷痕会透过较薄的纸张显露出来。

每次用完后需将盛放胶膏的罐子盖严，因为即使仅仅略微变干，胶膏也会结块，无法再顺利涂抹。

我真希望这么好的产品能够有小包装的规格出售。我的学生们被每罐 15 美元的价格吓了一跳，尤其是它还干得那么快。

Yasutomo Nori 慢干粘胶

这种胶是 Yes! 牌胶膏很好的替代品。由于盛放的容器较小，因此它具有更好的流动性。其价格也非常便宜。我个人通常使用 Yes! 牌胶膏，因为不太喜欢 Nori 稀薄的质地。但无论怎样，Nori 是一种简单且有效的黏合剂，非常适用于拼贴，尤其适用于那些精致娇贵的纸张。

装订胶水

聚乙酸乙烯酯（PVA）是可供设计师们使用的一种最强大且耐久的"白色"胶。当我们希望什么东西像图书一样被反复使用后还能够牢固地粘在一起时，就可以应用这种黏合剂。我还会将它用于大型的包装模型和通常需要粘得特别牢固的弹出式广告作品。

PVA 不会干得很快，但干燥后，粘贴效果特别好。粘贴包装时，可用晾晒衣服的夹子将边缘夹在一起，待粘贴的物品自行干燥几个小时。而当粘贴图书时，一定注意胶水不要溢出，因为你肯定不希望书页全都粘在一起。

19

Aleene's 多功能万用胶水

这是另一种很受欢迎的白色胶，既坚固，又耐久。它比装订胶水略稠，干燥速度也稍快一些。

我个人喜欢质地略稀、更流畅一些的 PVA。尽管如此，如果在使用时能够更加仔细，或者如果着急把物品粘好，Aleene's 多功能万用胶水则是一款很好用的产品。涂抹时要借助于刮板，避免结块、突起。

Aleene's 品牌下有一系列产品，可应用于各种粘贴项目。

Amazing Goop 万能胶、Amazing E-6000 及其他万用胶

我在雕刻和组装黏土作品时会用到这些黏合剂。这些是工业强度胶，有少许弹性（像硅胶），并且干得很快。

当粘贴坚硬且易碎的物品（比如软陶）时，每片之间需要有些弹性。否则，一旦施以些许压力就会碎裂。Amazing E-6000、Amazing Goop 及其他接触性黏胶在变干后呈海绵状，能够承受一些移位而不会裂开。相反，与热熔胶枪配合使用的热熔胶或者 Krazy 速干胶都比较脆，并且没有弹性。

在搭建黏土雕塑或者在画布上应用 3D 元素时，可以使用 E-6000 或 Amazing Goop 万能胶。

Goo Gone、3M 除胶笔及 Gunk & Goo Remover 除胶纸巾

当需要去除手指上、产品上、各种边缘和工具上的黏性残留物时，这些产品就大有用处了。

当我想将创作的模拟标签贴在一个未开封的酒瓶上时，会用 Goo Gone 来清除葡萄酒瓶上原有的标签以及残留的胶。

然而，如果你已经把胶水弄得一团糟，那么恐怕得从头开始，重新再做一次了，因为这些产品有可能会比最初使用的黏合剂留下更多的残留痕迹。它们只能做一些细微的清理，而不能起到终极拯救的作用。

第2章 创作纹理图案

纹理效果堪称手作设计的一大贡献。我热爱纹理。我热爱纸张、墙壁、石头、沙子、织物、布丁、动物以及雕塑的触感。我也喜欢视觉纹理。纹理效果给平面设计作品带来一种迷人的吸引力，能够将观众带入作品当中。这也是给数字设计作品加入一些人情味的最快捷的方式。

我鼓励你阅读关于手作纹理方面的图书，并动手尝试、做记录，最终创作出属于自己的手作纹理。然后可以将做好的纹理图扫描到计算机里，应用于你的平面设计作品。或者也可以把几幅不同的手作纹理图拼贴在一起，再扫描整个作品。在这个创作过程中，虽然会把双手弄脏，但能收获巨大的满足感！

纹理图

具有一定纹理的背景表面能够
为数字作品增添纵深感和丰富性。

2.1 制作裂纹效果

想要那种油漆开裂的古旧
之感吗？只需几分钟就可以做
到，并给你的作品加入年代感。
参见第24~27页。

2.3 创作锈迹效果

生锈是物体表面发生的
一种变化，通常因年深日久或
空气潮湿所致。你可以在项
目中伪造这一过程。参见第
32~35页。

2.2 用塑型膏制作纹理效果

塑型膏和凝胶媒介剂基本
上就是没有色彩的丙烯颜料。
把二者涂抹在各种画胚上，通
过梳、刮、刷或者旋转的方式
加入其他元素，从而创作出各
种纹理效果。参见第28~31页。

2.4 剥离油彩

剥离油彩的画面能够为现
代作品增添一抹历史感。参见
第36~39页。

2.5 涂抹颜料

作品中纹理较丰富的区域
经过涂抹处理之后，色彩相对
略深，更强化了触觉效果。参
见第40~45页。

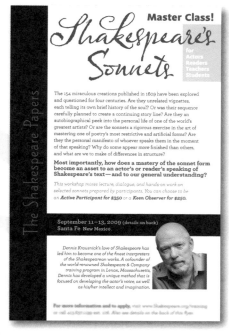

这半张宣传页没有加入手作元素，效果只能说还可以。

加入纹理效果之后，不仅视觉效果更加丰富，而且也显得更有人情味了。

2.6　用酒精墨水印制纹理图案

在无孔表面应用酒精墨水创作出丰富、斑驳的纹理效果。即使是不太擅长艺术创作的人也不会出错。参见第 46~49 页。

2.7　在吸水性表面与和纸上创作纹理

在日本和纸的表面，应用凝胶来创作可以触摸的纹理效果。参见第 50~55 页。

2.8　单刷版画法制作纹理

用墨水和玻璃创作生动、独一无二的纹理效果。参见第 56~59 页。

2.9　用泡泡制作纹理

现在有一个成熟的理由可以肆无忌惮地玩泡泡了——你的设计项目需要泡泡纹理！参见第 60~61 页。

2.1　制作裂纹效果

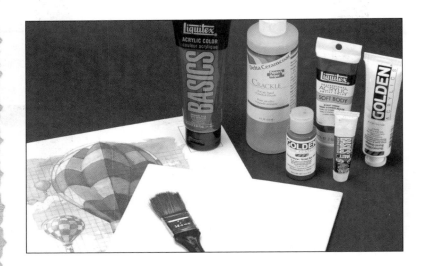

工具和材料

- 两种色彩反差比较大的丙烯颜料
- 丙烯颜料专用画刷
- 透明液态裂纹媒介剂
- 厚重一些的画胚，比如 300 磅水彩画纸、布里斯托纸板、油画画布、梅斯奈纤维板，等等
- 变通方法所用到的工具和材料：Elmer's 牌万能胶水、丙烯颜料和画刷，参见第 26 页

　　借助各种裂纹媒介剂，可以轻易地模拟出古木或者乐烧陶瓷表面的效果。有些能够模拟出非常细微精致的蛋壳碎纹，有些则好像碎木板的效果。我尝试了各种各样的产品，并得到了非常不错的效果，有些甚至令人叫绝。这主要取决于材料干燥的过程。

　　基本步骤就是：将两种干燥时间不同的媒介剂在潮湿状态下相互叠加，二者干燥后即形成裂纹表面。你可以在美术用品店、手工用品店和一些五金店买到裂纹媒介剂。每个品牌都有各自的说明，因此，一定要阅读说明并严格按照说明操作。请在实际操作之前多进行一些实践练习。

透明裂纹

透明裂纹这一工艺采用透明液体媒介剂。如果你希望得到一种相对光滑的裂纹纹理，就需要确保每次都以同一方向涂抹油彩，并使用长笔画。涂抹的油彩越厚，裂纹的缝隙就越大。以下操作说明针对的是我所使用的媒介剂品牌：Village Folk Art。切记，一定要认真阅读你所购买的那款媒介剂的操作说明！

1. 在你选择的画胚表面涂上一层丙烯颜料，让其充分干燥。

2. 在底层颜料之上，涂抹一层裂纹媒介剂，同样让其充分干燥。

3. 在裂纹媒介剂上面，涂抹另外一种丙烯颜料。这种丙烯颜料的色彩反差应该强烈。

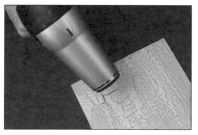

4. 待其在空气中自然干燥，或者使用吹风机吹干。干燥之后，裂纹就出现在眼前了。

凯特琳玻璃制品公司在其产品目录的封面应用了裂纹纹理效果，提升了视觉趣味。

不透明裂纹膏

　　贴着"裂纹膏"标签的媒介剂是一种浓稠、不透明的材料，干燥后会形成一道道深深的、类似于地面裂缝效果的裂纹。最多可涂抹 1 英寸那么厚。就像第 28~31 页介绍的丙烯塑型膏一样，你可以在其干燥后（如果涂层较厚，也许需要三天时间！）再加涂一层。还可以用丙烯颜料为其染色，无论在裂纹膏涂抹之前进行混色，还是在其干燥后着色都可以。

　　由于这是一款质地厚重的媒介剂，因此应用时需要有坚硬的支撑。干燥后，裂纹膏比较容易碎裂，所以需要在其表层涂刷一两层聚合物媒介剂来起保护作用。

借助 Elmer's 牌万能胶水制作透明裂纹效果

　　把家用的 Elmer's 牌万能胶水（通常为白色）用作裂纹媒介剂。效果可能不适合用"雅致"来形容，但其纹理也很有趣。涂抹的胶水层次越厚、所用颜料越少，形成的裂纹缝隙就越大。如果从一本旧书或者旧杂志上取一个带有文字的页面做底，那么页面上的文字就会从裂纹中透出些许。如果想要得到不规则的裂纹纹理，那么在涂抹颜料时就不要顺着同一方向涂抹。

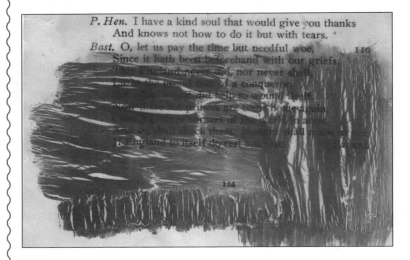

1. 在画胚上倒上一些 Elmer's 牌万能胶水，并将其涂满整个画胚。

2. 在胶水干燥前，用画刷蘸取丙烯颜料，把颜料涂抹到画胚上的胶水中。涂上的颜料越少，底页露出的部分就越多。如果涂抹颜料时刷子不是顺着同一方向，那么就会得到不同的裂纹图案。
如果底页上面有文字，轻柔地将画刷沿着文字排列的方向涂抹，文字就会从最终的裂纹中露出些许。

3. 耐心等待颜料和媒介剂完全干燥，之后裂纹即会出现。如果没有耐心，也可以借助加热枪或吹风机。

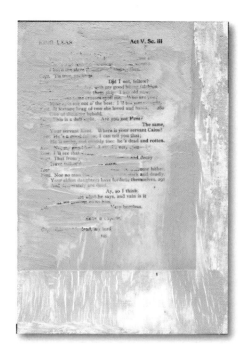

　　我从一本破旧的莎士比亚书中撕下了一页，又从一叠油画画布中抽出一小块画布，将书页粘贴到了画布上。我用价格低廉的摩宝胶粘贴书页，然后又把摩宝胶在书页上面涂抹了一层，将书页封住（当然你也可以使用亚光媒介剂、聚合物媒介剂或任何一种凝胶）。

　　摩宝胶干燥以后，我用 Elmer's 牌万能胶水和丙烯颜料创作了一个遍布裂纹、带有沧桑感的背景图。然后，我又做了一个简单的拼贴效果，并以此为基底创作了一幅剧目宣传页。

——罗宾

2.2 用塑型膏制作纹理效果

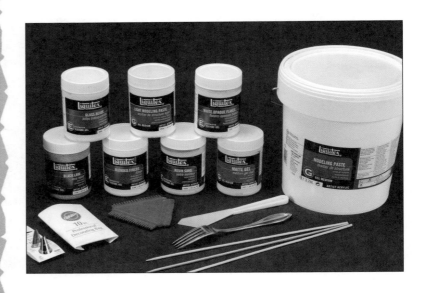

塑型膏的重量不同，应用要求也有所不同，具体取决于你使用的是哪一款。有些塑型膏的黏稠度就像糖霜，有些则像厚重的奶油或者凝胶。

这些塑型膏可以应用于各种各样的画胚——油画画布、布里斯托纸板、插图画板、厚的水彩画纸、梅斯奈纤维板——几乎任何厚重的介质都可以。

把塑型膏涂抹在选定的画胚上，在其干燥之前，很容易通过梳、刮、旋转或用画刷将其他物质混入塑型膏的方式创作出各种纹理效果。当塑型膏干燥之后，你可以在其表面涂上油彩、使其表面带有金属质感（参见 2.3 节）、喷涂颜料、将色彩涂抹到纹理中、以砂纸打磨、进行雕刻，等等。

塑型膏或模型膏

塑型膏是不透明的，因此可以随意添加丙烯颜料，将塑型膏染成好看的颜色。

如果画胚不是很坚硬，那么**轻质塑型膏会比普通款**或者**厚重款更适合**。如果将普通款塑型膏用于太薄的介质，或者涂层比较厚，那么干燥后容易开裂。（有些时候反而会产生很棒的效果，所以，尽管试试吧！）

轻质塑型膏和亮光塑型膏具有吸水性，因此水溶性媒介剂（水彩颜料或丙烯颜料）会渗透到纹理当中。**厚重型塑型膏不具有吸水性**，因此颜料仅仅停留在表面。在下一页我将介绍各种塑型膏的用法。

其他不吸水的媒介剂还有重体丙烯颜料、丙烯石膏和硬凝胶，所有这些媒介剂要么透明，要么不透明（产品特点参见 1.2 节）。

有些膏体和凝胶中还**包含一些其他物质**，比如玻璃珠、纤维、地表火山石、沙子等。这些物质常常与纹理上层的颜料发生有趣的反应。如果你自己想加入一些物质，比如沙子或者秋天的树叶，也很容易，只要加入的物质是完全干燥的就可以（你肯定不希望看到腐烂的效果）。

还可以使用流动性好一点的产品（比如亚光媒介剂或者透明焦油状凝胶，参见 1.2 节）来创作纹理效果——将其滴、溅、涂抹于介质之上，以达到所需效果。

这幅作品中应用了好几层由塑型膏创作的不同纹理。

请记住，轻质柔和的塑型膏适用于同样轻质的画胚，而厚重的塑型膏或媒介剂则适用于坚硬一些的画胚，比如油画画布、艺术家面板，或者其他质地较硬的物质。

小窍门！一定记得盖紧盖子，这种材料干燥得非常快，而且价格不便宜。

 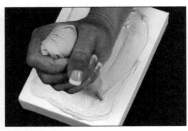 

1. 打开罐子，用调色板刀舀出一大团塑型膏（或者手边的其他媒介剂）。

2. 用调色板刀或者刮刀将膏体分散涂开，直到你感觉得到了想要的模样。这一过程有点像涂开糖霜或泥子。我甚至用过蛋糕装饰工具（参见上图）在作品表面创作点和线条。（可以购买一套这样的工具专门用于艺术创作，但是不要将这些工具用于聚合物媒介剂。可以将信封或者小塑料袋剪掉一角，或者将蜡纸卷成圆锥形来挤出聚合物媒介剂。）

3. 可以利用小木棍、叉子、梳子、园艺工具等在作品表面创作各种刮痕。由于塑型膏是带有聚合物基的物质，它也具有黏合剂的功能，因此你还可以将其他物品粘贴进去。尽情尝试各种可能性吧。

创作出的纹理仅仅作为作品的底层，在其上可以应用各种其他工艺，涂色、雕刻、用砂纸打磨，等等。在左图中，你可以看到我给作品表面涂上了一层金属色，然后将深色的颜料涂抹到裂纹中，用以强化纹理效果（参见 2.5 节）。

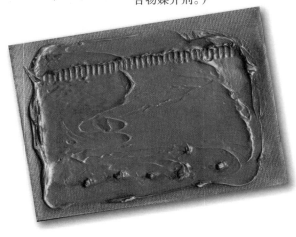

不妨尝试一下!

　　对于塑型膏，还可以尝试下面几种使用技巧。

- 将塑型膏涂抹于一个已经上好颜色的表面。使用任何锋利的工具、酒店房卡或信用卡，来回刮擦塑型膏，直到露出下层上过颜色的表面。

- 将塑型膏在画胚表面薄薄涂抹一层，然后嵌入一个模板、一枚小印章或者一张带有纹理的壁纸。

- 将一个模板放置于画胚表面（或者用Easy-Tack胶水轻轻粘一下，参见第18页）。用调色板刀或油灰刮刀在模板上的空隙处轻柔地涂抹一层塑型膏。

- 不仅仅可在平坦的表面上创作纹理效果！可以在任何物体表面应用塑型膏，然后将创作出来的纹理应用到数字作品当中。

　　在这张宣布珍妮斯画廊开业的明信片中，我用塑型膏创作了一个背景，来与她在葫芦表面绘制的古代陶器形象相呼应。此前，我用干画刷为画廊创作了一个"G"的字母图（在一把干画刷上滴几滴水彩，然后用此画刷在干燥的纸张表面绘出图案）。"G"是黑色的，但当我在 InDesign 软件中对页面进行处理时，在效果选项中给它选择了"涂层"效果。

　　这些玻璃罐子表面覆有一层塑型膏，以及好几层以"涂抹"方式画上的颜料，看上去更加有趣。

2.3　创作锈迹效果

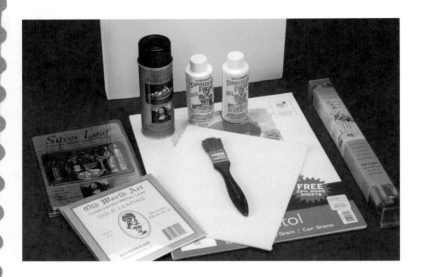

　　锈迹可泛指由于时光而获得的迷人外表——氧化铜或青铜表面的绿色薄层，古旧的、打磨过的木头所泛出的丰富光泽，抑或成熟女人（比如罗宾和卡门）的魅力。

　　完全用不着因为在某个项目上应用锈迹效果，而花上几年的时间等待锈迹出现。你可以通过在真实金属表面应用锈迹媒介剂来达到这一效果，只要金属表面没有覆膜即可（如果表面有覆膜，可用香蕉水去除）。

　　或者也可以使用一种金属质感的"表面涂层"（如下一页所述）来创作出你自己的仿金属表面，比如可以用 Sophisticated Finishes 或 Modern Optics Metallic Surfacers 装饰金属涂层，或者还可以用一层金属箔片将物体表面进行覆盖。

锈迹媒介剂的用法

可以在美术用品店或手工用品店买到美术用铝箔纸。在应用锈迹效果之前，你可能会想先用手写笔或任何带尖的东西在铝箔纸上做一些凸印设计。

在创作仿金属效果时，应使用更加坚固的画胚，比如布里斯托硬纸板或者插画板、厚的水彩画纸，甚至油画画布，这样可以避免因使用湿性媒介剂而使得最终成品发生变形。

在底层干燥后，酸性锈迹覆盖层会使原有表面的颜色发生褪色，产生不可预知的效果。你必须得等上几个小时甚至一夜，才能看到奇妙的锈迹覆盖层展现出的魔力，因此用不着一直屏息等待。需要注意的是，在将锈迹媒介剂用于原版作品之前，一定要进行效果测试！

为了测试项目的锈迹效果，我使用了这样一张小幅的黄铜色铝箔纸，并用价格低廉的压花工具在上面做了一些凸印图案。

——罗宾

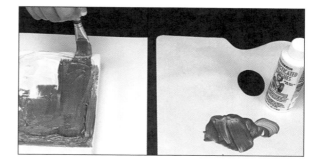

步骤1介绍的是制作仿金属表层的方法。如果你将使用真正的金属表层或者带有金属覆层的表面，请直接跳到步骤2。

1. 为了在其他基底制造出仿金属表层，你需要一种叫作"表面涂层"或者"装饰金属涂层"的产品，可以在美术用品店或手工用品店找到这种产品。将表面涂层产品涂抹到一块区域并待其干燥。如果你像我一样是个没什么耐心的人，也可以用迷你热风枪或吹风机来加速干燥过程。

在这个案例中，我使用的是之前用丙烯塑型膏做出的纹理效果作品，这一作品的制作过程见2.2节。我使用了一种叫作金色装饰金属涂层的涂层产品来帮助制造锈迹效果。

2. 将金属表面清理干净，或者在你制作的金属涂层干燥后，在其表层涂上用于帮助产生锈迹的产品。大力摇晃盛着产品的容器——酸性晶体有时会产生沉淀，需要使其充分混合。

   上图中，我正在已经制作好的作品上应用锈迹产品，那个产品的画胚是油画画布，并且已经在作品表面覆上了一层金色的金属涂层。

3. 将锈迹效果产品涂抹在整个表面，或者仅仅涂抹在想要制造出褐色效果的位置。

最开始，效果可能看起来有些令人失望。只需将其静置一夜，待锈迹产品充分发挥作用。锈迹产品的魅力之一即在于它的不可预测性，所以就随它吧。

在这幅带有拼贴元素的水彩画中应用的那一点点锈迹效果，使得作品看上去栩栩如生。

从这本折叠小册子的封面提取的线条，在小册子的内部被用作了分隔线。

the patina of marriage
a discussion of the weathering process

documentary and talk

2.4　剥离油彩

　　我手头没有凡士林，所以尝试用维克斯伤风膏创作了右侧这幅作品。效果很好。

——罗宾

工具和材料

- 质地坚硬一些的画胚，比如油画画布、插画板、艺术面板，画胚上装裱一幅画作、照片、图片、纹理或者插画
- 亚光媒介剂
- 凡士林
- 丙烯颜料
- 画刷
- 纸巾
- 肥皂和水或婴儿湿巾

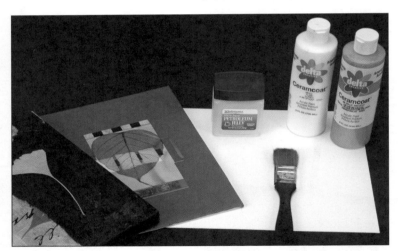

　　这一技法能够制造出古老油彩剥落的效果。在质地坚硬的画胚，如油画画布、布里斯托硬纸板或插画板上绘制一幅图，或者蝶古巴特①一张图片。然后仅仅通过涂抹一层凡士林及一层丙烯颜料，就能轻松得到那种古老或者破败的视觉效果，一如你所寻找的那样。

---

① 进行蝶古巴特处理，需要在美术用品店购买一罐凝胶（具体参见第8页）或者在特定商品店购买一些摩宝胶。先将图片贴在画胚上，然后在图片上涂抹几层凝胶或摩宝胶，将图片密封起来（待前一层干燥后再涂抹下一层）。

剥离油彩

在应用这一技法时，非常重要的环节就是制作一个强韧的底图，当被沾湿或者进行涂擦时不会破损。你可以使用纸质的画胚，比如布里斯托硬纸板，但是如果使用更结实一些的画胚，安全系数则会更高一些。在下面这个案例中，我将使用油画布板。

1. 用喷涂法将画胚涂好背景颜色，或者用丙烯颜料涂抹一层。

2. **重要**：由于后面的步骤将要用水对作品进行冲洗，因此需要将刚刚做好的背景颜色以一层聚合物媒介剂（亮光效果）、亚光媒介剂（磨砂效果）、凝胶（多种效果）或者摩宝胶（各种效果都有）进行覆盖。然后待其完全干燥。

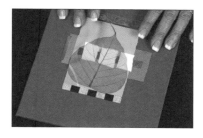

3. 取一幅图片、一张照片或者你创作的拼贴画（当然是手工制作的）的电子打印图，然后用你偏爱的媒介剂将图片贴到画胚上面。

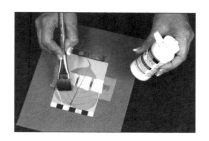

4. 用媒介剂将整幅作品密封起来。如果赶时间，可以用加热枪来加速干燥过程。

艾米丽·罗伯茨设计的这个杂志页面上有一幅剪贴画，剪贴画的背景使用了剥离油彩的技法。

5. 待作品完全干燥后，取些凡士林涂抹到油彩剥离后将要露出的区域。用手指涂抹凡士林，涂上厚厚一层，但要确保没有尖状突出或者成团堆积的地方。

6. 将凡士林涂抹到表面之后，用加水稀释后的丙烯颜料涂满整幅作品。稀释后的丙烯颜料大概像巧克力糖浆的黏稠度即可。涂抹丙烯颜料时动作需轻柔——不要将凡士林混入颜料中。
待画作自行干燥，远离任何热源。你肯定不希望凡士林因为受热变成液态与正在干燥中的丙烯颜料混在一起吧。

8. 当用这种方式将颜料与凡士林剥离之后，加少许洗涤剂，在水槽中用水把油画画布轻轻冲洗干净。清洗时一定要非常小心，避免对作品表面造成损伤。

7. 当全部颜料都干燥后，取一张纸巾，轻柔地将颜料和凡士林擦掉——颜料将会与凡士林一起从背景图中脱落下来。如有部分颜料贴合得比较紧，可以用指甲将其刮掉。

> **注意！** 如果你用的是布里斯托硬纸板作为画胚，千万不要在水龙头下冲洗你的作品！你可以用婴儿湿巾将凡士林和颜料从作品表面擦去，并且只能忍受有点油腻的表面了。

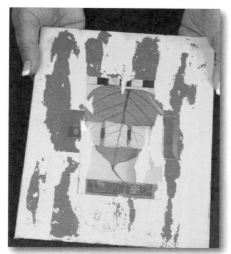

9. 为了对作品增加一层保护，同时也确保没有什么东西会粘到扫描仪的玻璃上，最后一步需要在作品表面刷上一层媒介剂或凝胶，起到密封的作用。然后待其彻底干燥。

在这幅海报中，剥离的油彩为整幅作品平添了一抹神秘感，似乎有隐藏的秘密未被揭露。

2.5　涂抹颜料

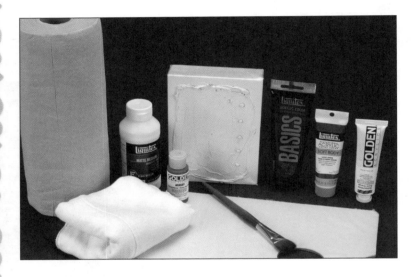

　　当通过涂抹，颜料进入纹理的缝隙中时，可产生美丽的纵深感并增加作品的丰富性。你会发现，这一技法将成为几乎你所有技法中最常用到的一种。若将这一技法与其他技法结合使用，还能够在纸张上产生出最轻柔的纹理效果；甚至也能应用在光滑的背景图上——在纹理的缝隙中涂抹一些颜料，然后将剩余颜料尽数抹去，留下一层略显斑驳、带有错综感的纹理效果。

　　小窍门！还可以试试用砂纸打磨：当你在作品上涂上了几层颜料之后，轻轻用砂纸打磨表层颜料的局部，使下面一层颜料暴露出来。

　　　　　　　　——罗宾

在这个案例中，我使用了艺术板作为画胚，在艺术板上我先用塑型膏制作了一个纹理效果（参见 2.2 节），然后在纹理表面又覆上了一层黄铜色的装饰金属涂层（参见 2.3 节）。

1. 调配一些比表层色彩更暗一点的颜料。我还喜欢混入一些亚光媒介剂或凝胶，将颜色略微稀释，使其更容易操作。

2. 用画刷、布或者纸巾将调好的深色颜料涂到作品上，涂满整个作品表面。

如果是涂抹到用塑型膏制作的纹理表面或带有其他纹理效果的表面，则注意在涂抹深色颜料时不要漏掉褶皱和边缘处的位置。

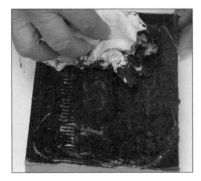

3. 等待几分钟，待颜料刚刚开始干燥时，将其直接擦除或者滚动擦除。至于去掉多少完全由你掌握，从而达到你所希望的效果。

4. 如果颜料过于干燥了，可以在表面喷少许水。只要颜料还没有完全干透，这个方法就可以使你再多擦去一些颜料。

5. 用布直接擦除颜料会产生更为光洁、更加轻柔的表面涂层效果。用布或纸巾滚动擦除颜料（而不是直接擦除），则会产生更加斑驳不一的表面效果。

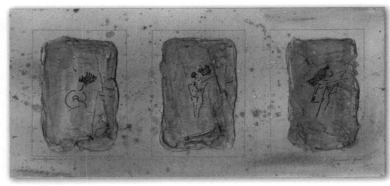

6. 确保不要将所有的颜料全都擦去，同样也不要留下过多的颜料。你希望得到的是一个复杂且丰富的效果，而不是脏乎乎的表面。

涂抹法应用案例

在这幅作品中，我应用了水彩的湿画法（用沾满水彩的画刷，在带有未干的水或者颜料的画纸上作画）。我先在画纸上涂抹了厚厚一层水彩颜料，又用金色不透明的马克笔装点，制成了一幅很有意思的背景图，我将在这个背景图上面应用塑型膏。当背景图完全干燥之后，我将之前已经混好色彩的轻质塑型膏涂在背景图上，做出纹理效果。

因为我希望纹理能够凸显出来，所以在塑型膏上面涂抹了一层颜色略深的颜料，来突出具有雕刻感的纹理。

我希望这个整版的杂志页面能够具有古代岩画的视觉效果，因此，当塑型膏完全干燥之后，我用 Sharpie 牌永久墨水笔在纹理的部分直接画上了几幅抽象图画。

我的这幅插图比扫描仪的玻璃面要大，因此我将作品分成两幅图来扫描。在 Photoshop 软件中，我先将上层图像的清晰度调为 50%，这样就可以将上下两层图像完美地对齐了。位置调整好之后，再将上层图像的清晰度调回到 100% 并将其展平。瞧，这样我的插图就完美地修补好了。

用来擦除颜料的布或者纸巾还可以再利用：可以将它们表面沾着的颜料涂擦到另一个画胚上面。

——罗宾

我希望这幅作品有一种古老遗迹的感觉，但是又具有一些现代元素可与当今时代关联，因此我将涂抹的纹理以及抽象、现代的绘画结合在了一起。

这幅宣传页展示的是由海豹突击队设计的服装，其中粗糙、沙质的纹理背景为这幅宣传页增添了一股坚韧彪悍的气息。

再试试这个方法！

将媒介剂或凝胶与丙烯颜料相混合，然后刷满整幅作品（可以使用硬凝胶与丙烯颜料的混合物将制作纹理和给纹理上色这两个步骤合二为一），这样可以给作品覆上一层带有颜色的纹理表面。待干燥后，加上浓稠未稀释的丙烯颜料，大量涂抹覆盖于纹理丰富的区域。这一过程通常会非常脏乱！使用柔软的纸巾或抹布，小心地擦去绝大部分表面颜料，只在纹理的缝隙中留下厚厚的颜料。此时，纹理立刻拥有了更加强烈的对比效果以及更加丰富的视觉吸引力。

或者，还可以在作品表面涂抹大量湿油彩（透明或者不透明，根据你想要得到的最终效果而定），然后用团成一团的抹布将油彩擦去。或用滚动布团的方式擦除油彩，甚至还可以用海绵吸取湿油彩，或用玻璃杯的边沿、硬纸板的边缘——各种各样的东西都可以去除油彩并创造出新的造型。

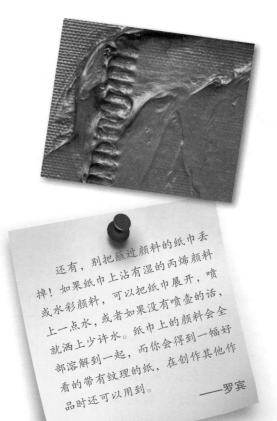

还有，别把蘸过颜料的纸巾丢掉！如果纸巾上沾有湿的丙烯颜料或水彩颜料，可以把纸巾展开，喷上一点水，或者如果没有喷壶的话，就洒上少许水。纸巾上的颜料会全部溶解到一起，而你会得到一幅好看的带有纹理的纸，在创作其他作品时还可以用到。

——罗宾

请记住，无论是用纸巾、海绵、喝水用的玻璃杯、硬纸板的边缘等任何物品将颜料去除，都可以进一步利用它，将上面沾着的颜料印到另外一幅作品的表面！

——罗宾

在这幅麦克德福夫人的插画中，背景图就是由一张浸满水性丙烯颜料的纸巾制成的。我用凝胶将它粘贴到展示盒的背板处。在纸张上面，我又加上了一层经过轻微混色的非常柔软的凝胶，然后用画刷的尖头在上面划出更多的纹理。

麦克德福夫人脚下的地面则由一张沾满了凝胶和丙烯颜料的纸巾制成。

——罗宾

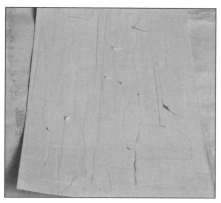 

在遮蔽胶带制成的纹理上涂抹颜料

用遮蔽胶带可以快速、便捷且廉价地做出一层纹理，并且非常适合应用涂抹颜料这一技法。

——罗宾

1. 选取任何画胚，甚至可以是灯罩或者打印机里的打印纸，在选定的画胚表面粘贴一层遮蔽胶带。将胶带撕成不同长度的条状，按照同一方向粘贴、交叉粘贴或是方向随意——由你决定。

2. 在贴好的遮蔽胶带上涂上一层丙烯颜料。如果你愿意，可星星点点地擦除部分丙烯颜料。

3. 在第一层颜料之上再刷一层颜料，可以涂满整页，也可以仅涂抹部分区域，之后也许再涂第三层颜料。可以尝试用不同颜色在作品的各个区域涂刷颜料，完全取决于你打算怎样将这幅作品应用于最终的项目上。对刷上的每层颜料进行涂抹处理。

这幅小广告的标题是由软陶制成的。我使用了第 184 页所示的字形模具。

——罗宾

45

2.6 用酒精墨水印制纹理图案

你可以用酒精墨水创作出漂亮、层次丰富、色彩斑驳的纹理效果。酒精墨水适合应用在光滑的介质表面。这就意味着，当你想要印在金属、玻璃、光面纸张、照片、冰箱、秃头顶，或者任何其他能想到的光滑表面上时，酒精墨水都是一个非常不错的选择。

利用以上这些材料，通过印章方式或者滴入酒精墨水的方式，你能够创作出令人惊叹的图案和纹理。

在将酒精墨水应用于重要的物品之前，比如用于一张光面的照片上，一定要在不显眼的位置先试验一下，看看酒精墨水会在这个特殊的作品表面产生怎样的效果。

要自行制作印章，你需要一些 Velcro 双面胶和印章块。

1. 切割下一块大小适合你的印章块的 Velcro 双面胶。将双面胶整齐地紧紧贴在印章块上。

2. 切割下一条价格相对低廉的毛毡，大小跟你的印章块完全一致，将其粘贴在印章块的 Velcro 双面胶上。

或者，你也可以选择在手工用品店**直接买一块现成的印章**和几块替换毛毡。

我的朋友比利·麦卡宾在工作中会有一些多余的废弃木料，然后我就很高兴地把它们都做成了完美的印章块。然而，如果你身边没有这样一个可以贡献木块的朋友，也可以使用 Magic Rub 牌的橡皮来代替。Magic Rub 橡皮大小正合适，到处都买得到，而且价格非常低廉！

——卡门

用酒精墨水创作图案

酒精墨水专门为各种光滑表面而设计，因此至于用在何种介质上，你可以尽情发挥想象。而且你手边的任何印章都可以配合酒精墨水使用。

1. 在毛毡上轻快地点上两三种颜色的酒精墨水。

2. 如果你有金属色马克笔，那么选出一支在沾有酒精墨水的毛毡上点些金属颜色。

3. 轻柔地用吸满酒精墨水的毛毡在光面纸张上印上图案。用印章重叠着印出图案，并让墨水在光面纸张上相互交织混合。如果有必要，可以重复之前的步骤使毛毡吸满酒精墨水，继续构建纹理直至得到你想要的效果。我喜欢在银色墨水中混入金箔墨水，以获得更加有趣的纹理。

正如你所看到的，这些大理石般的纹理是多么错综丰富！

小窍门！ 因为这一技法使用的是光面纸张，所以印在纸张上的纹理需要一段时间才能干燥。如果作品表面非常湿，那么这时使用吹风机会导致墨水移动，有可能会毁掉作品（也有可能改善作品），因此需要耐心等待。

试试这个！

更多应用酒精墨水的技法。

- 只是简单地**将不同颜色的墨水从瓶子里滴到光滑的纸张表面**，任其混合在一起，就能创造出有趣的类似"迷幻熔岩灯"效果的纹理，如右图所示。

- **在冷冻纸的光滑表面**，用酒精墨水滴、印，或画上一幅图像，然后再以冷冻纸为印章，将图像印在一到两个其他表面上。

- 在如下图所示的**一片有机玻璃**的背面，用酒精墨水滴、印，或画上一幅图像，然后在正面应用另一种技法，以得到一种纵深感。

我利用这些酒精墨水的滴痕来确定文字的位置，模拟太阳形状，并且使作品带给人们一种夏日热气灼人的感觉。我从 iStockphoto 网站购买了三幅照片，然后通过 Photoshop 软件将它们改为了剪影的形式，并在 Illustrator 软件中将广告语加了进去。我还从插图符号库中选取了几个符号来完成这幅作品。

上图中，我将酒精墨水纹理放到了文字中：在 InDesign 中，我设置了文字字体，选择黑色为文本颜色，然后在字体选项中选择"创建轮廓"。我将用酒精墨水创作的纹理进行扫描，放在 InDesign 页面中，并将其置于文本顶层。然后对纹理进行"剪切"，下一步选择带有边框的文本，并使用编辑菜单中的"粘贴到"指令将纹理粘贴到文本字体的轮廓内部。

——罗宾

2.7 在吸水性表面与和纸上创作纹理

工具和材料

- 水彩调色盘
- 水
- 水彩颜料或丙烯颜料
- 水彩画刷
- 插画纸或者其他厚重的画胚
- 亚光媒介剂
- 吸水性表面
- 塑型膏或凝胶
- 石膏
- 各式各样质地轻薄的和纸（日本手工制作的纸张）：带有花边图案的、含有其他物质的、印着有趣图案的

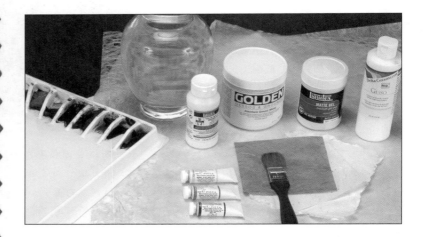

　　虽然我很热爱300磅阿契斯牌水彩画纸，但是也喜欢尝试新的产品，并试验其他技法，比如一种应用了吸水性表面产品的技法。

　　吸水性表面其实是一种罐装媒介剂，你可以将其用于几乎任何画胚上，使之能够适用水性介质。应用了吸水性表面媒介剂的画胚虽然比不上无涂层的水彩画纸，但对于拼贴技术和创作纹理的各种技法来说，已经非常好了。

　　和纸是一种非常轻薄且外观精致的日本纸巾，由悬铃木的树皮制成。尽管纸张的外观和感觉都很精致，但它比木浆制作的纸张更加结实耐用。有些衣服、家用产品和玩具都是用和纸制作的。在这个项目中，我们将把吸水性表面媒介剂跟和纸结合起来，创作各种美丽的纹理。

在材料中发现乐趣

把吸水性表面媒介剂涂抹到画胚上之后（参见下一页），我喜欢覆上一层和纸，用来突出褶皱和毛边的感觉。我用亚光媒介剂将材料粘贴好。

我使表面保持一种非常随意、抽象、随机的状态，并确保和纸不会覆盖住全部的区域。然后滴上并且泼溅上一些石膏以及其他种类的丙烯媒介剂，以求得到一个多样化、纹理非常丰富的表面。在媒介剂干燥之前，我甚至还会在一些区域撒上些从海滩带回的干燥且洁净的沙粒。

在水彩画纸中发现乐趣

有一种技巧可以应用于水彩画纸，而应用了这种技巧之后，纸张仍旧保持白纸的状态——几乎没变。如果你打算用水彩画纸作为画胚，配合和纸与吸水性表面媒介剂，那么首先在水彩画纸的表面涂抹一层亚光媒介剂，然后待其干燥，这样就在画纸和颜料之间建立了一道屏障，防止着色时色彩渗入到水彩画纸的纤维中。

这意味着，当你使用常规透明水彩颜料时，水彩画纸的表面特性已经发生了改变，不再是原来所预计的那个样子，但是它又具有巨大的潜在可能性，也许会出现一些绝对令人称奇的纹理效果。

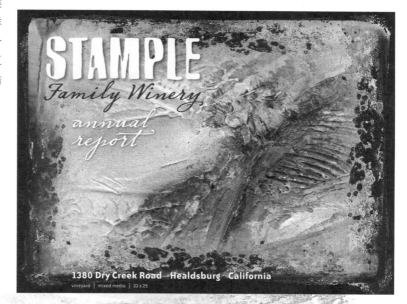

STAMPLE
Family Winery
annual report

1380 Dry Creek Road · Healdsburg · California
vineyard | mixed media | 33 x 25

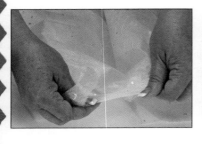  

1. 挑选几张漂亮的和纸——带花边图案的、带树皮纹路的、带螺纹的，试验不同纸张的效果。将和纸撕成各种形状和尺寸的小片。

2. 舀一团吸水性表面媒介剂放在画胚上。我通常用油灰刮刀、涂布器甚至一片无光泽纸板将媒介剂涂抹开。涂抹时最好零散、抽象一些。要有起伏，有颜料可以堆积的地方——不要过于光滑整洁了。

3. 使用吸水性表面媒介剂和 / 或亚光媒介剂作为黏合剂，将撕碎的和纸粘贴在画胚上。做成一大片、边缘粗糙、重重叠叠的样子。使和纸完全贴合在画胚上，但是要让褶皱和纹理都表现出来。

4. 为了让各种材料贴合得紧密，别惧怕使用手指。

小窍门！如果手边没有和纸，也可以使用白色的包装纸，就像你用来包装礼物的那种纸。带颜色的包装纸倾向于洇墨水，因此记住这一点——也可以利用这个特点！

如果你计划将纹理涂满颜色，而和纸完全不会露出一星半点，那么当然还是用价格便宜的包装纸了。

——罗宾

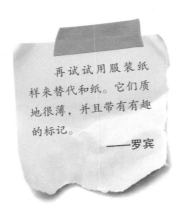

再试试用服装纸样来替代和纸。它们质地很薄，并且带有有趣的标记。

——罗宾

7. 一旦得到你满意的纹理效果，将其放在空气中彻底干燥。你可以用吹风机来加速这个过程，但是由于吸水性表面媒介剂比较浓稠，和纸的材质也基本上类似于纺织品，因此，即使使用吹风机，也需要一段时间才能够使其完全干燥。可以将这个作品暂时放置一边，先处理别的事情。

5. 有时，我用画刷来涂抹吸水性表面媒介剂，以求得到画刷抚过的纹理痕迹。操作时可能需要将媒介剂稍稍加水稀释。

6. 在形成的纹理上通过梳、压、刮、戳的方式，创造出更多有趣的地方，以便颜料可以在这样的地方缓缓经过。

8. 当作品完全干燥后，调一些水彩颜料或者稀释一点丙烯颜料，就可以开始绘制纹理了。因为吸水性表面媒介剂相当于一层涂层覆盖在画胚上面，所以可以很轻松地在这个纹理层作画，甚至返工重画，直到得到满意的效果，而不必担心画坏了会毁掉下面的画胚。

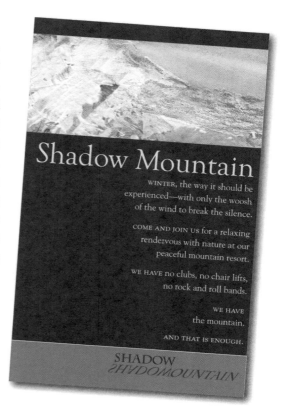

53

尝试亚光媒介剂、和纸、沙子和石膏的组合

这和前面的工艺有点类似，但是使用的是不同的艺术材料。可随意使用聚合物媒介剂（亮光的）或者各种凝胶来替代之前用到的亚光媒介剂。如果手边没有在海滩收集的干净沙子，那么也可以在手工用品店找到彩色沙子。

1. 同前面的案例一样，从步骤 1 开始，但是这一次，用亚光媒介剂代替吸水性表面媒介剂来制造褶皱纹理，并将和纸粘贴到纸板上。

2. 在亚光媒介剂尚未干燥时，将沙粒撒在作品上。

3. 根据你想要得到的效果，洒上大量的透明石膏或不透明的白色石膏。
4. 待作品完全干燥。

5. 调些水彩颜料（透明），稀点或稠点都可以，或者调些丙烯颜料（不透明，除非用水或凝胶进行稀释），开始绘制你的纹理。

6. 在作品表面分层涂抹颜料，直到褶皱和沙子纹理中吸收了足够多的颜料，以表现出对比。

在创作这幅宣传页之前，约翰·托利特在 Photoshop 软件中打开了这幅扫描的纹理图，然后运行了海报边缘滤镜功能，使得纹理部分的效果更加显著地突显出来。

2.8　单刷版画法制作纹理

通过单刷版画法，你可以创作一个奇妙、抽象的纹理，将画刷的留痕与色彩微妙的层次同时表现出来。

"单刷版画"这个名字意味着用每片画好的玻璃只能得到一幅印画，这也是一幅孤版画作。当然，你通常会将印好的成品数字化，但是也可以应用这个技术，多创作几幅相似却不完全相同的原创作品，只是增加一点数字打印工作而已。

例如，假设你公司的总部将要在托尼餐厅为大客户召开一年一度的午餐会。你来设计漂亮的邀请函，就像画廊开幕式那样。而有 300 张请柬需要印制，你可以创作 15 幅单刷版画，将它们每个切割成 20 块，然后在每份邀请函上贴一张（用点胶水把版画粘上去），就好像每幅都是原创作品。它们的确就是。

单刷版画的制作过程

制作单刷版画需要的用品都很基础——一片玻璃、一个调色板、一个版画滚筒、一些印刷墨水，以及几张版画纸。

在制作过程中，需要将墨水推到调色板上（我喜欢用另外一片玻璃当调色板），然后将墨水沾到一片玻璃上。通过"彩虹卷"法推开层层墨水（两种或多种颜色并列推开，相连处的颜色渐变融合），你可以创造出漂亮又微妙的色彩分层的效果。

为了与这种光滑流畅形成冲突效果，我喜欢用硬质画刷在玻璃上涂色，以求得到粗糙的画刷痕迹。

当你将墨水绘制在玻璃上并对绘制的效果还满意时，将一张潮湿的版画纸覆盖在玻璃板的图像上面，并擦拭版画纸。然后当你将版画纸剥离开来，会发现玻璃上用墨水绘制的图像已经转印到了纸上。

1. 将版画纸裁成需要的尺寸，放入一盆清水中浸泡几分钟，使其吸收水分，而你可以利用这段时间把玻璃上的图画好。（在后面的步骤 6 中将会用到浸好水的纸。）

2. 用水性油墨在玻璃板上涂上些颜色。我还会滴入些亚光媒介剂，使颜料不至于干得太快。在上图的案例中，我加入了一些红色的丙烯颜料。

3. 用坚硬的版画滚筒把颜色融合在一起。

4. 使用画刷在需要的位置制造些纹理和标记。

> **小窍门！** 如果你计划在画作上写些字，那么需要确保字是**倒着**写上去的，因为最终的图像会是反的。

5. 尝试利用可刮擦的工具来制造纹理，比如油灰刮刀。试试梳子怎么样？
   还可尝试烤肉扦子，或者瓦楞纸板的边缘，或者钢丝球，或者……

6. 将水盆中浸泡的版画纸取出，
   放在两块毛巾中间轻轻拍干。

7. 将版画纸小心地覆盖在玻璃表
   面绘制的图像上。

小窍门！ 在应用这个技法时，当颜料在玻璃上推开之后，我喜欢在颜料上进行刮擦或者压上各种印记。我会用调色盘刀以及各种工具（海绵、网子、蕾丝、旧的信用卡边缘、Brillo 百洁布、瓦楞纸、纸杯杯底等）在颜料上压出纹理。在你的房间或者工作室找一找，看看能找到些什么——你可能会对有的东西制造出的非常有趣的图案感到很吃惊。

8. 用版画滚子或者拓宝轻轻按压擦拭版画纸的背面。

   如果你画上的是比较薄的一层颜料，而且有点黏黏的尚未干燥，那么图像转印的效果就会好一点。你需要用力按压纸张，以便纹理能够更加完整地呈现出来。但是注意，按压的用力方向应直上直下——不要像涂抹那样横向用力。

9. 有些时候，如果画作上面剩下的油彩比较多，你还可以再转印一幅图。而第二幅图甚至会更加抽象。
   还可以在画作表面喷点水，覆盖上一张纸巾。用版画滚子按压纸巾的同时在纸巾上也喷些水，直到成功将颜色转印下来（参见 3.13 节）。
   用纸巾将玻璃擦拭干净，重新绘制另外一幅图像。

单刷版画常常会带给我惊喜。我在做平面设计时，经常仅仅只用一幅单刷版画作为素材。

2.9　用泡泡制作纹理

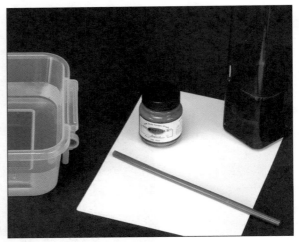

　　制作这个纹理非常有趣，但是工艺比看上去要复杂一些。首先你需要将洗涤剂与水按照特定比例（1：4）混合。然后需要确认使用的是正确的颜料（大理石花纹颜料）。另外需要表面纹理光滑又具有吸水性的纸张（比如版画纸）。

　　我已经将所有的错误方法都尝试过了，因此只要你能够按照这个来之不易的窍门操作，就一定可以得到完美的、令人惊叹的泡泡纹理。

1. 将版画纸裁剪成与容器大小相同的尺寸。
2. 将洗涤剂与水混合：1份洗涤剂，4份水。

3. 混合液会感觉有点黏黏的。因为产生的泡泡需要相对结实一些，如果比例不对的话，泡泡会很容易爆裂。

4. 在混合液中倒入大理石花纹颜料。需要确保使用饱和度比较高的色彩，因为最终制造的纹理效果颜色会趋于浅淡，你肯定不希望制作出来的纹理颜色淡的看不出来吧。

5. 用吸管制造出大量的泡泡。慢慢吹——你希望得到的是漂亮的、大大的泡泡，而不是一层细小的泡沫。

6. 将纸展平拿好，迅速放下去沾到泡泡层。不要沾到混合液——仅仅沾到泡泡就好。

7. 纸上会留下淡淡的泡泡轮廓。当然，你可以重复之前的步骤，用另外的颜色再制造出更加丰富、复杂的图案。
还可以考虑将这一技法与其他背景纹理结合使用。

将各种技法结合起来！

从一本油画画布中取出一张，把旧计算机手册中的一页纸用凝胶粘贴在油画画布上

Lazertran 图像转印法

用海绵压印出的纹理

用丙烯颜料涂抹最底层

已擦去大部分的第二层颜料

焦油状凝胶

砂纸打磨出的纹理

纸巾压印出的纹理

用模板和白色凝胶制作的纹理

层层叠叠制造出各种效果

最有趣的部分就是将各种技法都应用起来，制造出你的作品所需要的纹理效果。

如果碰到你不喜欢的地方，或者某处看起来色彩过于暗淡，只需要将一点白色石膏涂在上面，并

用油灰刮刀为其制造点纹理，就可以焕然一新——无论是修改整幅作品，还是仅仅做局部修改。

这一幅还不是最终完成版的作品（上图），但是一个样本，展示了各种技法应用在一起的样子。希

望能够鼓励你将所有的颜料和工具都拿出来使用。

上图中的某些技法在本书其他章节也会有所介绍。

第 3 章

绘制纹理

秉持开放的心态并带着愉快的心情进行各种实验，你会发现采用透明水彩颜料和不透明丙烯颜料能够实现许多奇妙的技法，它们都可以成为一种设计方式。作为设计师，你需要选择对于独特的创作而言，哪一种才是令人激动、舒服以及有效的方式。

在这个世界上，平面设计的方法许许多多，其中就包括用颜料为平面设计创作纹理。

FIREFLY
Bar & Grill

绘制纹理

尽管我们会介绍每一种技法，但请记住，最令人兴奋的还是结合使用几种技法。

3.1 在颜料中撒盐

简单的食盐为水彩画增添了巨大的活力。参见第 66~67 页。

3.2 吹涂颜料

用一支吸管将颜料吹出细长的卷须。参见第 68~69 页。

3.3 给颜料喷水

用喷壶向湿的颜料上喷水，使其散开。参见第 70~71 页。

3.4 倾倒颜料

将颜料倾倒于纸张上面，以得到漂亮的分层效果。参见第 72~75 页。

3.5 刮擦颜料

对颜料进行刮擦处理，以创造出不规则的形状。参见 76~79 页。

3.6 用海绵蘸颜料

用海绵蘸入湿的颜料，形成一系列生动的纹理。参见第 80~83 页。

3.7 泼洒颜料

将颜料甩在纸张上！参见第 84~87 页。

自学生时代起，我就喜欢水彩的美丽和它所具有的挑战性。我喜欢它不可预知的特点及鲜活的色彩，直到今天我仍在不懈地学习和了解它，并坚持用水彩绘画。我的朋友托斯亚·肖每周五下午都会和我聚一下，我们经常一起画一会儿画。每年我们都会参加一些研讨会，了解前沿信息，并对新的技法进行试验。我们会画抽象的纹理作品、插图和传统的风景画。这真是件愉悦身心的事情——一边绘画一边聊聊生活琐事。

——卡门

3.8 使用阻隔剂

将具有阻隔功能的元素画在纸上，画过这些元素的位置就不会再沾染颜料了。参见第88~91页。

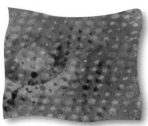

3.9 将阻隔剂印到颜料中

用阻隔剂在颜料中随机印上纹理。参见第92~95页。

3.10 将颜色漂白

应用漂白剂在画作上创作有趣的图案。参见第96~99页。

3.11 应用遮蔽胶带

使用遮蔽胶带来创作绘画纹理。参见第100~101页。

3.12 借助保鲜膜

借助保鲜膜或塑料袋来创作纹理。参见第102~103页。

3.13 纸巾和颜料

不要忽略了常见的纸巾，它也可以作为设计元素使用。参见第104~105页。

3.1 在颜料中撒盐

工具和材料

- 水彩
- 水彩画纸
- 水彩颜料调色盘
- 水
- 画刷（图片中未显示）
- 吹风机（图片中未显示）
- 食盐、粗盐、海盐，或者任何一种盐

　　这是一种古老的、经过实践检验的技法。在操作不当时，它会使作品显得有点矫揉浮夸，而在顺利的情况下，效果自然是非常令人愉悦的。这一技法背后的科学原理是：盐有吸水性，而它自身是晶体，因此在吸取水分的同时，会留下水晶形状的印记。当你将食盐撒入薄薄一层潮湿的、深色的颜料中时，几秒之内就会看到小小的雪片形状的印记显现出来。

　　这一技法看起来好像万无一失，但事实并非如此。为了让这个技法顺利实施，要确保盐粒儿不是一股脑倒上去的，并且在撒盐粒儿的时候要掌握好时机。需要在薄薄的颜料层刚刚失去水分光泽的那一刻将盐粒儿撒上去，提前一秒都不行。但也不要等到颜料太干燥了，否则就一丁点儿效果也没有了。

1. 在一张水彩画纸上，涂抹一层均匀厚重的颜料。为了使最终效果清晰可见，需要应用中间色调或者比较深的颜色。

2. 这一技法成功实现的关键在于颜料的潮湿程度。颜料过于潮湿，只能呈现些许效果；颜料过于干燥，则基本看不出任何效果。
时机一定要掌握好：在颜料还是潮湿状态，光泽刚刚褪去时，就是撒上盐粒儿的最佳时刻。

3. 让盐粒儿待在颜料上，等待颜料自然干燥。有一点很重要，即颜料和盐都必须放至完全干燥，因为即使在略微潮湿的状态下，盐粒儿也可以吸收颜料，并在画作表面形成痕迹。

4. 待完全干燥后，轻轻用画刷将盐粒儿从画作表面刷下来。

小窍门！

不同种类的盐最终呈现的效果也不尽相同。需要通过试验确定效果！

你可以看到，在这本画册的封面，不论是水彩画部分还是背景部分都应用了盐粒儿制造的纹理。背景图即案例中所应用的红色颜料图片。在 InDesign 软件中，我将红色盐粒儿效果的图片放置在一个黑色长方形上层，将模糊度调成44%，然后将效果定为亮色（在效果面板中选择）。能够同时拥有手作元素和数字处理工具真是太棒了！

3.2 吹涂颜料

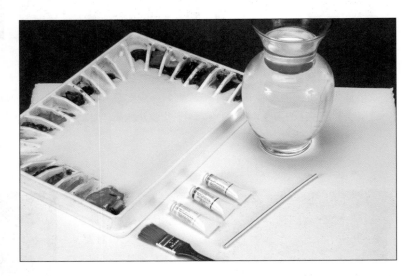

工具和材料

- 加水冲淡后的水彩颜料或丙烯颜料
- 水彩画纸或其他适于绘画的画胚
- 水彩调色盘
- 水
- 画刷
- 吸管或其他薄纸卷成的管子

当我和朋友托斯亚一起参加由 Lian Quan Zhen 举办的水彩画研讨会时，看到这位艺术家在创作那些充满新鲜、自然感觉的画作时，用上了吹涂颜料的技法，甚至还使用了手指，我们都被深深地迷住了。他对这一技法的掌控能力太让人吃惊了！

当使用吸管吹涂颜料时，我对颜料的痕迹在哪里结束控制得比较好，而你也可以多进行几次试验，看看自己情况如何——可以借助手指、吹风机，让雨滴滴落在潮湿的颜料里，将画纸倾斜，在画胚上构建纹理，并让颜料在纹理处滑过或堆积。蜘蛛状的卷须作为平面设计的元素具有多种可能性。

1. 准备一张干燥的水彩画纸。有时我会用表面画过的画纸，但需要确保画纸是干燥的。

2. 将一大团水彩颜料放置在准备好的纸张上面。

3. 取出吸管，将颜料吹到现有的边缘外面。稍加练习，你就能够熟练地控制所吹出细长卷须的形状和长度了。

4. 或者尽管鼓起腮帮对着颜料团使劲一吹。重复这一步骤直到获得了想要的图案。

在这幅以梅斯奈纤维板为画胚的作品上，我应用了丙烯颜料（有些部分我擦去了）、浮石凝胶和普通凝胶来创作纹理。随后我又利用海绵压上印记，刮擦颜料，还在几个位置应用了吹涂法，最终创作出了栩栩如生的效果。作品中飞蛾的翅膀来自一只在窗台上死去的飞蛾。

——罗宾

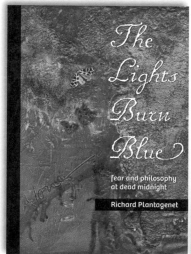

作为一名数字设计师，我无须冒着毁掉我漂亮画作的风险在水彩画上真的应用吹涂法。在 InDesign 软件中，我将"溅斑"（一个 TIFF 格式图像）放置在水彩图像的上层，然后应用正片叠底效果（在效果选项中选择），使白色纸张变为透明。

——卡门

3.3　给颜料喷水

　　应用这一技法需要拥有不怕把画作弄花的决心。操作过程中至少要将桌面保护好，以免颜料到处流淌。而且由于没有办法预测最终结果如何，需要富有极大的冒险精神来面对最后呈现出来的效果！

　　当你为平面设计作品创作纹理时，不必将成品设想为漂漂亮亮可以挂在墙上的那样一幅作品。我创作的大部分纹理看起来就好像尚未完成，显得杂乱无章，但我总能够找到一个很独特且有趣的特点，或者一个恰巧对的颜色。我会将那一小部分进行扫描，并应用于某个作品。你无须按绘画的方式来掌握这些技法，在进行平面设计时应用它们来制造动人的效果即可。

  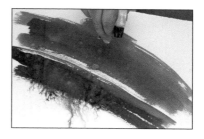

1. 在画胚上涂抹一层厚重的颜料。你肯定不希望颜料过于潮湿，但同时也不能太过干燥。注意边缘留白。

2. 可以根据意愿再添加一种颜色，这样在颜色的可能性上，你就有了更多的选择。别等到颜料干燥。

3. 取出喷壶，沿着潮湿颜料的边缘喷几下。你会看到边缘形成了颜料流淌的痕迹，流入了白色的部分。

4. 将画纸倾斜，帮助颜料从边缘向下流淌得更远。

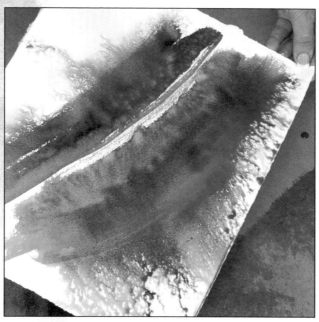

3.4 倾倒颜料

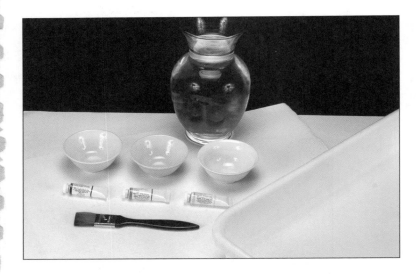

这一技法在操作过程中会显得有些混乱，但是看到几种颜色在页面上流动混合的样子又是那么令人感到满足。为了使创作的背景图有一个很好的视觉效果，操作时需要迅速，并且知道何时停止。因为这个很容易就会玩过头，导致脏乱无序的结果，而非闪亮的颜色和羽毛状的边缘。

从三原色开始是一个很好的方法，当你掌握了颜料混合的窍门之后，再沿着这条路继续尝试更加复杂的颜色。

还有一种技法可与倾倒颜料很好地结合使用。首先在白色纸张上面泼溅并涂抹颜料（参见 3.7 节），然后再倾倒颜料。

在这一技法的应用过程中使用厚重一些的水彩画纸是很有帮助的，因为如果纸张比较硬，就能够更好地控制颜料的流淌。

在小碗中将水彩颜料略微加水混合。**为了创造生动、明艳的颜色，**请确保你的颜料是稍稍黏稠的奶油状（而非像水一样）。

每 1/4 张水彩画纸，需要至少 1/3 小碗混合各种颜色的颜料。水彩颜料干燥后的颜色会比潮湿时看上去浅很多，因此如果颜料过于稀薄，那么最终你得到的背景图颜色就会非常暗淡。

1. 在将颜料加水混合稀释的同时，可以将水彩画纸放入清水中浸泡几分钟。

2. 用干净的毛巾将纸蘸干，然后把托盘里的水倒掉。

Miranda's Paint Shop
We know color

Your art doesn't have to match the sofa. But maybe it can still hang in the same room. Let us help you create living spaces of stunning beauty and comfort with our proprietary color-choice systems.

123 South Main Street, Windsor, California, 95492, 707-866-4321. www.MirandasPaint.com

不要等到需要彩色背景图时才着手制作——约上一位设计师一起闲散地画上一整天，这样你就有了一堆各种类型的图纸，当需要用到的时候，早已经有了充分的准备。

——罗宾

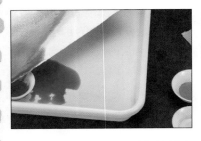  

3. 手拿起画纸，下面用空的托盘接着，将第一种颜色的颜料倾倒在潮湿的水彩画纸的局部，倾斜纸张，以使颜料流淌到周围。不要让颜料覆盖住整张画纸。

尽量将剩余的颜料保留，让其流回到小碗里。

4. 在纸张的空白处倒一点第二种颜色的颜料，再次倾斜纸张，使颜料流淌，并与另一种颜色相混合。

在纸上给第三种颜色预留一点空白区域。

5. 将第三种颜色的颜料倒上去，保持纸张倾斜，引导颜料向需要的方向流淌，直到得到想要的效果。注意不要把所有的颜料都混合到一起——这样出来的效果没有那么好，相信我。

可以在颜料上喷点水，以使颜料流淌到需要的位置，填满空白的区域。但是不要过分干预和触摸颜料，因为这样做会使颜料形成斑点，就没有那么漂亮的流动感了。

小窍门！如果小碗里还有剩余的颜料，可以将一些纸巾浸泡在颜料中染色。或者用纸巾擦抹剩余的颜料，然后将纸巾悬挂晾干，用于其他的作品。参见 3.13 节。

——罗宾

再试试这个！

　　水彩画真是让我望而生畏——卡门和我在这一领域探险时发生过很多有趣的故事。卡门在水彩画方面非常杰出，是个真正的艺术家。我则更偏爱丙烯颜料，因为它不那么挑剔，也没有那么高的要求。

——罗宾

- 将丙烯颜料倾倒在一片玻璃或是有机玻璃表面（液体丙烯颜料的效果格外好，参见第 7 页）。当颜料干燥后（见右上图），可以将颜料用油灰刮刀剥离下来，用于拼贴画。
- 将液体丙烯颜料（或加水稀释后的普通丙烯颜料）倾倒于一幅已经完成的纹理之上，将画作倾斜，使颜料流淌过表面的纹理。在制作纹理时可以尝试应用含有杂质的凝胶，比如含有小玻璃珠或浮石。
- 在一个纸杯中倒入少量多种颜色的液体丙烯颜料。不要将颜料搅拌混合，直接将纸杯中的颜料倾倒在画胚上面（效果如右图所示）。
- 在一片玻璃或有机玻璃表面倾倒几层亮光凝胶或者亮光聚合物媒介剂（光亮度越好，成品效果越透明）。待上一层干燥之后，再倾倒下一层。然后将丙烯颜料滴在凝胶或者媒介剂的表层。整体干燥之后，可以将其完整剥离下来，作为透明贴花纸应用于其他地方，仅需多用一些凝胶或媒介剂粘上去即可。

我在 Photoshop 软件中，利用色调 / 饱和度面板将倾倒的颜色做了调整，仅仅截取这一局部应用到了上面的明信片上。

3.5 刮擦颜料

　　水彩颜料通常能够创作出柔和的边缘以及透明的色彩，是一种非常具有抽象感的颜料。通过在潮湿的颜料中应用刮擦的技法，你能够创造出在其他柔软的表面才会得到的效果。

　　当我的第一位水彩老师奈先生从他的衣袋里取出那把古老妥帖的折叠小刀，在一幅很漂亮的深色风格画作上划出几道美丽的树枝起，我就迷上了刮画法。当然，奈先生的操作看起来很简单。而我没过多久就发现，要用刮画法刮出漂亮的图案可没有看上去那么轻而易举。你需要耐心、谨慎，还得有那么一点热情才能创作出好看的刮画！

　　　　　　　　　　——卡门

刮擦颜料

首先要做的是选择正确的工具，这样才能得到你想要的刮擦痕迹。如果要在深色潮湿的颜料上刮出淡淡的印记，那么需要选择钝一点的刮擦工具，比如画刷的尾部，或者不太锋利的折叠刀。基本上就是用工具将颜料推到一边——有点像刮刀的工作原理。

如果你想要在一片干燥颜料处刮出一道干脆、利落的刮痕，就需要使用 X-acto 多用途小刀、剃须刀刀片，或者锋利的折叠小刀。

还需要注意纸张的干燥或潮湿状态：如果纸张过于潮湿，当你尝试在上面刮擦颜料时，颜料会再次渗透到刮痕的位置，最终仅会在颜料表层留下一条深色的印记。这样的痕迹本身并没有什么问题，但如果你想要的是深色底色上的一道浅色刮痕，这个结果就有点令人失望了。

而如果颜料的潮湿度不够，那么你最终什么效果也得不到。

因此，实际操作前应进行充分试验，并留意试验结果！（一向不太擅长水彩，对水彩很挑剔的罗宾说："试试丙烯颜料吧！"）

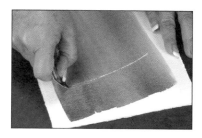

• 在水彩画胚上涂上一层深色颜料，待其干燥，直到颜料的光泽感刚好褪去。

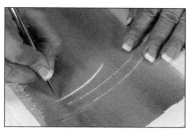

第二种效果

当应用这种效果时，实际上是将颜料由原来所在的位置推到一边，因此只需要使用稍钝一点儿的工具。制造出一个深色底色，当颜料还相当潮湿时，用带尖头的工具在颜料上划出一条淡淡的痕迹。

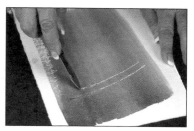

第一种效果

拿出一把锋利的工具，例如 X-acto 多用途小刀或者折叠小刀，在干燥的颜料中划上一刀，直至划到纸张上。现在纸张表面损坏了，因此这一技法需要留在作品的最后一步进行。

创作其他种类刮痕的技巧

罗宾说，尝试一下丙烯颜料！

不同于水彩，丙烯颜料有更大的厚度和更宽泛的时间实施刮擦颜料的技法，尤其当丙烯颜料与凝胶或媒介剂（参见第 7 页）混合后，颜料会变得更浓稠，干燥所需要的时间也更长。

1. 如果你需要一幅背景图，那么首先应用本书中介绍的任何一种技法，在画胚上涂抹一层丙烯颜料。待其干燥。

2. 将丙烯颜料与凝胶混合后，在第一层颜料之上再涂抹一层。第二层颜料无须覆盖住整个作品的表面。

3. 使用画刷的尾部或者任何其他工具，在颜料里划出图案或文字。

- **将颜料擦入划痕处**：如果你愿意，可以在进行刮擦的颜料彻底干燥后，选择一种色彩对比强烈的颜料涂抹在最上层。在新涂的这一层颜料干燥之前，用湿纸巾将大部分潮湿颜料抹去，只在刮痕处留下少许（参见 2.5 节）。

在冷冻纸上用刮画图案进行转印

在冷冻纸上用丙烯颜料制作背景图，实施刮擦颜料技法，然后将形成的图案用作印章，将图案转印到其他介质上，产生另外的效果。

1. 在丙烯颜料中添加凝胶或丙烯颜料亮光剂，使颜料保持潮湿的时间更长久一些。在蜡纸或冷冻纸的光面部分应用丙烯颜料，二者可以在杂货店买到或者从屠夫那里获取。

2. 当丙烯颜料还是潮湿的、黏黏的状态时，利用尖头工具在颜料中绘制图案、反着书写文字、画些小画、制作刮擦纹理，等等。

3. 当制作好的图案仍然潮湿时，翻转纸张，将图案转印到另外一个已绘有图案的画胚上，就像使用橡胶印章一样——在纸张背面轻柔地摩擦，使图案印到画胚上面。根据颜料的潮湿程度不同，你可以转印至两到三个画胚，包括任何水彩画作，甚至纸巾上。转印图会变得越来越抽象。

Meet Orb in person! ▪ april 19
Sunday ▪ 10 a.m. ▪ Lecture 1 p.m.
Unitarian church on barcelona

重点是，你可以在任何潮湿的作品表面实施刮擦颜料的技法，以创作出更多的纹理、书写文字、创作隐性信息，等等。将这一技法与本书中介绍的其他技法结合使用——结合的方式简直无穷无尽！

——罗宾

79

3.6　用海绵蘸颜料

工具和材料
- 水彩颜料或丙烯颜料
- 水彩画纸
- 水彩调色盘
- 水
- 画刷
- 天然海绵或厨房里的旧海绵

　　天然海绵制作出的纹理效果非常棒，在这一点上，没有什么其他工具可以击败它。你可以在本地的美术用品店里成套购买这种神奇的工具，或者在美容洗浴店获得一些品质好、种类多的海绵，甚至还可以去健康食品店购买。

如果手头没有高级的天然海绵，那就用厨房里的旧海绵吧！
　　　　　——罗宾

用海绵蘸颜料很容易，但是为了得到好的效果，不辜负所付出的努力，则必须注意纸张的潮湿程度以及颜料的流动性。这一点需要经过一番实践才能够掌握得比较熟练。

如果纸张和颜料都过于潮湿，那么最终结果仅会是在色调上产生一些柔和的交融，却得不到任何的纹理。反之，如果二者过于干燥，那么颜料恐怕没有办法渗透在一起，最终会得到一幅颜色杂乱且略显生硬的纹理效果。

作为平面设计师，我们会在页面上进行排版，过于杂乱的纹理不太容易进行处理。花些时间多进行试验，熟练掌握技法，从长远来看，这个努力是值得的。

一旦你应用海绵蘸颜料的技法创作了几幅作品之后，就会发现能够以各种各样的方式将这一技巧应用在平面设计工作中。

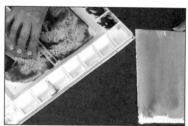

1. 从一张干燥的水彩画纸，或者涂有薄薄一层水彩颜料，并且颜料已经干燥的纸张开始，颜料选用浅色至中等为宜。

2. 在调色盘中调制一些颜色略深，稍微浓稠一点的颜料。
我喜欢调制自己专属的色彩。上图中，我将茜红与群青混合调成了蓝紫色。我并没有将二者充分混合——我希望我的海绵顶端能够蘸上浓淡深浅各不相同的色彩。

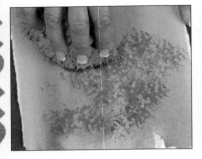

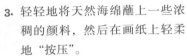

3. 轻轻地将天然海绵蘸上一些浓稠的颜料，然后在画纸上轻柔地"按压"。

有时我会制作单独并且清晰的按压纹理；有时我也会上下左右移动海绵，在整个底层颜料上面层层叠叠地盖上印记。

4. 等待第一层纹理干燥。然后重复这一过程，印上颜色深浅不同的纹理，从而获得漂亮的多维效果。

小窍门：有时你希望得到更加柔和且微妙的效果。那样的话，需要从颜料仍然略微潮湿的水彩画纸开始实施这个技法。将蘸上去的颜料调得稍微稀一点，并且要用颜色略淡的颜料。这一改变能够使色彩稍微互相渗透，产生更加具有融合效果的纹理。

还请参见 3.4 节对倾倒颜料的介绍，通过这种操作，你可以得到相邻颜色间互相渗透、渐变混合的漂亮纹理。

我童年最美好的记忆之一是跟母亲还有两个妹妹一起站在雅典的市场，从一位年长的希腊绅士那里购买海绵，那位绅士样子讨人喜欢，就好像在电影里看到的那样——留着花白的头发、大胡子，当然还戴着必不可少的希腊钓鱼帽

——卡门

在 Photoshop 软件中，我将大山的照片放置在用海绵制作的纹理上层，并在图层模式 / 弹出的模式菜单中选择"线性光"。在 InDesign 软件中，我将广告页面中照片以外的海绵纹理处的不透明度设置为 20%。

对于这个吊牌，在 InDesign 软件中，我把一页海绵纹理置于一幅柔和的水彩画之上，这样一来，就可以巧妙地将两幅图进行排列，并使二者的色彩相互作用，最终呈现出天空与水完美结合的效果了。

3.7　泼洒颜料

- 水彩颜料或丙烯颜料
- 调色盘
- 水彩画纸
- 水
- 画刷
- 遮蔽板刷
- 牙刷
- 遮盖液
- 金属色墨水笔

　　泼洒颜料是一种很棒的效果。当然通过 Photoshop 或者 Illustrator 软件也可以做出泼洒颜料的纹理，但是那种纹理看起来和用颜料或墨水做出的还不完全一样。而且制作的过程也远没有手工制作有趣。

　　在纸张上，根据所用工具的不同，你可以制作出许许多多不同样子的纹理效果。纸张的干湿程度、颜料或墨水的浓稠程度，都会导致不同的效果。

　　我喜欢泼洒颜料——它可以使画风粗犷，还能让不同色彩的颜料融合在一起。通常，在我拿出颜料的同时，会取出跟随了我很久的罩布，并远离白色墙壁和我爱整洁的丈夫。一般来讲，最成功的泼洒痕迹都源自于手臂的大力挥动，而如果在此过程中担心弄脏家具，那么动作就会因此而受限，最终产生的泼洒痕迹与大力挥动手臂相比，也会显得缺少点活力。

效果一

一个得到泼洒痕迹的最简单的方法是将画刷蘸饱颜料悬置于画纸上方，然后用画刷去撞击另一只手。我倾向于使用偏爱的水彩颜料，你也可以使用丙烯颜料，方法同样简单。

效果二

在水彩画纸上涂抹一层水或颜色，待其略微干燥，直至光泽感刚刚褪去。将牙刷、带有粗硬鬃毛的遮蔽板刷，或者其他工具浸到浓稠的颜料中。用手指拨动毛刷将刷子上的颜料泼洒到水彩画纸上，也可以用另一把画刷代替手指，或采用挥动手臂的方式来完成这一步骤。如果水彩画纸上的颜料足够潮湿，那么泼洒上去的颜料就会在画纸上呈现出有趣的渗透边缘。

效果三

我通常不在这一技法中使用不透明的颜料，白色除外——我尤其喜欢在泼洒颜料技法中使用白色。我手边总是会放上一小瓶Dr.Martin's涅白颜料，因为它已经完全混合好，随时可以用。只需利用瓶中的滴管将颜料滴到纸张上。

遮蔽板刷或点彩刷。

85

我很喜欢应用泼洒颜料的纹理——有些泼洒在潮湿的画纸上，有些泼洒在干燥的画纸上，有些来自画刷，也有些是牙刷制造出来的，有时我会在最上层使用不透明墨水笔来制造泼洒痕迹。

——卡门

效果四

　　将遮盖液（瓶装，可在美术用品店买到）泼洒在白纸上，待其干燥，然后再涂抹颜料。遮盖液泼洒之处仍将保持为白色。

　　或者，先在水彩画纸上涂抹一层颜料，待其完全干燥。然后泼洒遮盖液，待其干燥后用颜色略深的颜料再涂抹一层。待最上层深色颜料也干燥后，用橡胶胶水去除剂将遮盖液（下一节将会详细介绍）去掉。

效果五

　　有些不透明墨水笔和马克笔也可以制造出很棒的泼洒效果——先将笔充分晃动，然后突然迅速把墨水甩到画纸上。金属色墨水笔效果很不错，但也可以使用其他颜色的墨水笔。白色不透明墨水笔是我的最爱之一。

　　当然，也可以使用不透明水彩颜料或丙烯颜料，但墨水笔使用起来更加方便，而且可以在画纸上留下非常漂亮的、不透明的泼洒纹理。

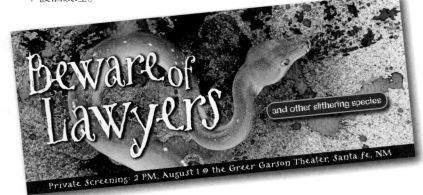

在这幅防晒霜的促销页中，应用泼洒颜料技法的部分给人一种沙滩的感觉。

在这幅背景图中，我希望呈现一种很有活力的感觉，因此应用了多种技法，包括用海绵蘸颜料、泼洒颜料、使用阻隔剂，还在颜料上喷了点水。

3.8　使用阻隔剂

工具和材料
- 水彩颜料或丙烯颜料
- 水彩画纸
- 调色盘
- 水
- 染色遮盖液、无色遮盖液或遮盖墨水笔
- 吹风机（图片中未显示）
- 橡胶胶水去除剂（参见下一页）

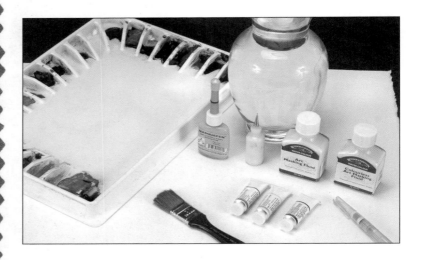

　　应用艺术遮盖液作为水彩颜料阻隔剂：将阻隔剂涂抹到画纸上，待其干燥，然后在上层作画。阻隔剂所在之处，将不再沾染颜料（能够起到阻隔颜料的作用）。

　　阻隔剂有很多种类，属于橡胶类的材料。有时又被称为"遮盖液"。

　　无色遮盖液是透明的，但有些人更加偏爱带点染色的，因此可以视用途而定。

　　我个人最喜欢的遮盖液是 Winsor & Newton 公司生产的。这个品牌在我使用过程中从未出现过任何问题，但我见过一些画作表面被撕坏的案例——真是太令人沮丧了。因此在使用不熟悉的产品之前，一定记得要先对纸张与阻隔剂的配合程度进行测试，然后再应用于作品。

养护好画刷

艺术遮盖液会对画刷造成巨大破坏，因为它干燥得很快，并会粘在金属箍（将鬃毛固定住的金属环）里。建议你用一支专属画刷来涂抹艺术遮盖液——你肯定不希望所有的画刷都被毁。但即便是专属画刷，也需要确保每次使用完毕立即用肥皂和水彻底清洗。你也可以使用**艺术遮盖墨水笔**，例如 MasquePen，来替代画刷和遮盖液。看看你当地的美术用品店或手工用品店是否出售这种墨水笔，其效果与画刷和遮盖液一样。

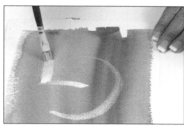

1. 第 1 步由一页干燥的水彩画纸开始。你也可以将遮盖液应用于已经涂上颜料的画纸表面，但一定要确保在使用这种阻隔剂之时，颜料已经完全干燥了。

2. 在希望遮挡处，应用遮盖液。等待遮盖液彻底干燥，也可以使用吹风机加速这一过程。

3. 在遮盖液彻底干燥后，在其上涂抹另外一层颜料。
在颜料完全干燥之前，一定要抵制住诱惑，不要试图去掉遮盖液去看作品的样子。如果你过早地抓起橡胶胶水去除剂去掉遮盖液，那么尚未干燥的小地方可能会被弄花，这会毁了作品的效果。

4. 还可以多做几层纹理，直到得到想要的效果。例如，你也许还想在纸张上面泼洒点阻隔剂。只需耐心等待颜料和阻隔剂完全干燥即可。（再次提醒，干燥过程不要超过 24~48 小时！）

5. 最后，当你认为作品已经完成，并且完全干燥的时候，就可以拿出橡胶胶水去除剂或者软橡皮，轻柔地将干燥的阻隔剂擦去。脱落的阻隔剂就好像橡胶碎屑（我不会告诉你我们在课堂上是如何称呼它的）。

小窍门！ 如果没有**橡胶胶水去除剂**（如上图所示），也可以花费一分钟时间自己动手做一个：只需将橡胶胶水或阻隔剂滴出一大滴，干燥后将其卷起来，去除剂就做好了。

蜡做阻隔剂

蜡染艺术家将蜡作为阻隔剂使用已经很多年了。

而我喜欢将蜡用于粗糙的或者冷压的水彩画纸上，因为用蜡做阻隔剂需要强调手作的线条。与蜡染不同，此应用过程不需将蜡融化，冷用即可。

蜡用起来很容易，但需谨记，一旦将蜡应用在作品上，就再无可能将其收回——你再也不能把蜡去除，让纸张吸收更多的颜料。

不要用吹风机来使作品干燥，因为融化的蜡油会弄脏纸张表面。

1. 第 1 步由一页干燥的水彩画纸开始。可以使用涂抹过颜料的画纸，但必须是干燥状态。

   用一支白色蜡烛的边缘、一片石蜡、复活节彩蛋套装中的一支透明色蜡笔，或者任何你能够找到的蜡，在纸张表面画上想要的形状或图案。

   描画时需用点力，但也不能用力过度——你肯定不希望蜡的碎屑掉落在作品上。

2. 在画好的图案上面，涂抹一层水彩颜料或丙烯颜料。能够看出，蜡涂过之处，颜料不能浸染。

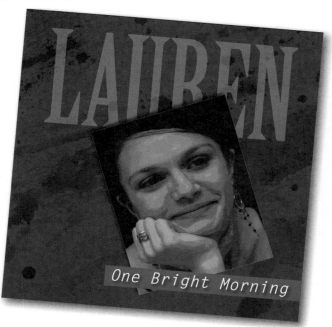

放大图片可以看到，以蜡作为阻隔剂创作出的纹理（右图），为 Lauren 的 CD 封面增添了趣味性和丰富性。相比之下，上图则看起来单调乏味。

架子衬垫用作阻隔剂

也许在家里的橱柜中你能找到一些架子衬垫，就是那种背面带有自粘胶的衬垫。这种衬垫作为阻隔剂使用很不错。如果有透明的衬垫就太棒了——如果没有，用手边现有的即可。在最后一步还会把衬垫撕下来。

1. 使用已经涂过颜料或者实施了其他技法的画胚。或者创作一幅新的画作。

2. 在架子衬垫上切割出各种形状。

3. 轻轻地将切好的形状粘贴到画好的画胚上。

4. 用水彩颜料或丙烯颜料（用哪种颜料取决于你的画胚）再次涂抹于画胚之上，使用同色系或者截然不同的颜色。如果颜料略微渗进衬垫的边缘也没关系——正好可以形成很棒的纹理边缘。颜料干燥后，撕掉衬垫。

• 实际上，另一种相似的技法是确保衬垫下面涂抹了颜料。将颜料涂到切割好形状的衬垫下面，用一张纸巾或者抹布将其余地方的颜料擦去。衬垫下面所涂抹的颜料需要选取更深一些的颜色，不要选浅色的。

还可以将**遮蔽胶带**作为阻隔剂使用，参见第 100~101 页。

小窍门！ 可以在任何能够作画的物体表面应用这一技法——墙壁、门、大个儿的咖啡杯，等等。不要将自己仅仅局限在纸张这一种画胚上。你是一名数字设计师，因此可以考虑将任何能够进行拍照或扫描的物体纳入你的纹理创作中来。

上面这幅画胚已经完成，可以在其上应用另一种技法，或者扫描成电子版应用于平面设计项目中。

一开始，我把这幅小画画成了奶油色，然后用架子衬垫切割了一些方块形状，并把露出的地方涂成了黄色。把衬垫撕掉之后，我用海绵蘸取黄色做了些纹理，这样一来，方块的部分就不会显得过于突兀。之后，我在一张冷冻纸上画了些绿色植物，再转印到画纸上（参见第79页）。现在这幅画看起来只需要再增添些细节和几幅拼贴图像，就可以讲述一个故事了（参见第186页）。

3.9　将阻隔剂印到颜料中

　　运用各种印章材料和工具蘸取水彩和丙烯颜料在画胚上印上图案，这种技法着实有趣。有可能自此就展开了无穷无尽的实验，而得到的那些丰富多彩又有趣的页面，则完全可以应用到数字设计中去。

　　通常我会利用身边的材料自行制作印章。当然，你也可以在手工用品店购买一些印章，有时候你可能想找的就是肖像图章，但我发现大多数在商店里购买的预先制作好的印章显得太可爱了，对我们这些严肃的设计师来讲不太适合。我在印度尼西亚购买过一些蜡染印章，还时不时会在特定商品店买上个几何图形的印章，或看起来好似一枚标志的图形印章，这些都可用于设计工作。但我主要还是利用在工作室、车库、厨房、院子里……发现的一些物件自己动手制作印章。

 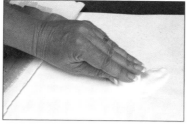 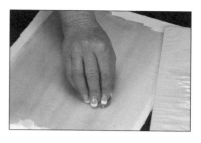

1. 在水彩画纸上涂抹一层颜色略深的颜料。待其稍稍干燥。

2. 在调色盘或盘子上加点亚光媒介剂和水，混合调制。

   如果希望印上去的图案很明显，可以在亚光媒介剂里只加入一点点水，或者完全不加。

   如果希望印上去的图案不太明显，则需要加入与亚光媒介剂等量的水。

   用你的印章工具蘸取亚光媒介剂与水调制的混合液（如上图所示）。我使用的是我那盒新 CD 里面带的一块圆形泡沫橡胶。

3. 在尚未完全干燥的画纸上，用印章轻轻地印上图案，动作不要迟疑犹像。

小窍门！ 泡沫橡胶制品非常适合应用这一技法，它可以印出很好的图案，那是因为泡沫橡胶吸收的亚光媒介剂和水彩颜料的剂量刚刚好。

在手工用品店可以买到一种专门为了在**墙壁**上用丙烯颜料印制花纹而设计的印章，这种印章由很硬的泡沫橡胶制成，而非橡胶。

可以考虑用任何物品充当印章，只要能印出好看的图案和纹理就行！

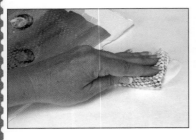

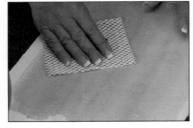

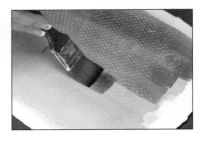

4. 还可以试试使用你在家里找到的其他东西来充当印章。这里我使用的是海绵状抽屉衬垫，它带有好看的格子图案。

5. 将衬垫随机交叠印出漂亮的纹理。待其充分干燥。印上的图案现在看起来还没有那么明显。

6. 在纸张上涂抹一层略深的颜料。现在印上的图案显现出来了，因为之前印上去的亚光媒介剂起到了阻隔剂的作用。

7. 为了给作品增添纵深感，可加入一些深色的印痕：待刚刚涂抹的深色颜料干燥后，将充当印章的材料蘸上更深、更浓稠的颜料，印在纸张上。

8. 我们都知道，在平面设计中，"重复"也是一种很常用的方法，因此我用小小的圆形印章再印一次。在操作中，可以使用亚光媒介剂，也可以不用，这取决于你是否计划在画纸上再涂抹一层颜料。

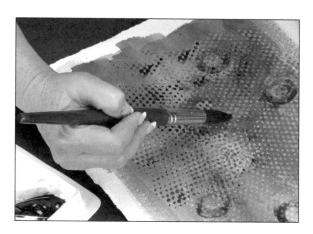

9. 最后一步，我会用一点点颜料和水将印上去的图形及边缘做一下晕染，来统一作品的整体风格和效果。（而对于丙烯颜料，由于它干燥后会变成塑料，不溶于水，因此最后这一步并不能将底部的颜料晕染开。）

在所有能够作为印章使用的物品中，不要忘记那些又薄又软的泡沫橡胶，在手工用品店就可以买到。把泡沫橡胶的边缘剪出一些花纹，卷成一卷，直接当印章来用。或者在泡沫橡胶上剪出一些形状，做成印章——将剪好的形状粘到一块木头上，或者咖啡杯的杯底。泡沫橡胶在这个技法里确实非常好用。

3.10 将颜色漂白

工具和材料
- 水彩颜料
- 水彩画纸或其他画胚
- 水彩颜料调色盘
- 水
- 可以灌水的墨水笔
- 吹风机（图片中未显示）
- 家用漂白剂

　　通过应用漂白剂，可以在水彩背景中创作出浅色的、漂亮的线条。线条通常带有深色的边缘，光滑流畅，你可以在线条上再画上透明的颜色。

　　使用漂白剂需要非常谨慎——就如同在衣服上腐蚀出小洞一样，它也有可能在画纸上腐蚀出小洞，所以不要期待在画纸的同一位置多次使用漂白剂，否则最终会使纸张呈现蕾丝网状的效果，这恐怕不是你所希望的。

当心——在以往使用漂白剂的经历中，我有过几次失败的教训！确保在应用这一技法时，不要穿你最喜欢的牛仔裤，不要将昂贵的波斯地毯铺在脚下，也不要在工作时用与倒入漂白剂的玻璃杯样子差不多的玻璃杯喝七喜饮料。

此外，不要使用品质很好的水彩画刷——漂白剂会在你眼前毁掉它们！当所有那些昂贵的鬃毛脱落时，你会很伤心的。而合成毛制成的画刷则可幸免。

1. 在一张水彩画纸上涂抹厚厚一层颜料。应用这一技法时，似乎使用深色的颜料效果更好——甚至黑色都是一个不错的选择。

2. 等待涂抹上的颜料完全干燥，或者使用吹风机加速干燥过程。

3. 拿出在手工用品店买到的可灌水墨水笔，小心地灌入漂白剂。

4. 用墨水笔在深色的颜料上画出痕迹。你会看到浅色的痕迹出现，痕迹的周围往往带有略深色的边缘。当然，最终出现的颜色取决于最初那层颜料的色彩。因此，在将漂白剂胡乱地应用在你的原作之前，先在一张废纸上进行试验是个好办法。

你可能会想："嘿，那些在超市能够买到的漂白笔怎么样？"我曾经试用过。问题在于，这些笔中除去漂白剂之外，还有一些洗涤剂的成分。很不幸，对于一名画家来讲，它在画作上形成的带有斑点的图像看起来有点病态，而且图像会开裂。尽管我喜欢各种带有瑕疵的效果，但不喜欢这个。

——卡门

但是这些漂白笔在照片上使用的效果很好！参见第 99 页！

——罗宾

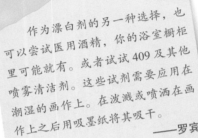

作为漂白剂的另一种选择，也可以尝试医用酒精，你的浴室橱柜里可能就有。或者试试 409 及其他喷雾清洁剂。这些试剂需要应用在潮湿的画作上。在泼溅或喷洒在画作上之后用吸墨纸将其吸干。

——罗宾

颜料潮湿时，喷洒异丙醇

颜料潮湿时，用手指洒上漂白剂

颜料潮湿时，喷洒 409

伏特加酒

杜松子酒

指纹

所有图中所示的实验均基于水彩画纸上潮湿的水彩颜料。这一技法也适用于丙烯颜料——只是在将漂白剂喷洒在颜料上时，需要稍微大力一些。另外丙烯颜料必须是潮湿状态。

——罗宾

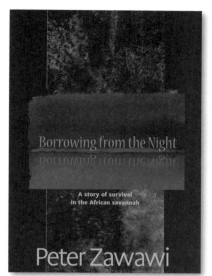

在这页封面图中，我利用了之前在漂白技法的案例里创作的图片，并在 Photoshop 软件中将图片的色调调暗。至于背景图，我使用了一幅单刷版画，在画中选取了一条区域（参见 2.8 节）。

——卡门

在照片上应用漂白笔

那些在杂货店购买的漂白笔虽然不能在水彩画作上很好地发挥作用，但应用在照片上能够产生很棒的效果——非常时髦。只需用漂白笔直接画在照片上即可。之后静待几分钟，将其擦去，或者用流动的清水洗掉。这种方式既可以应用于传统照片冲洗店里洗出的老照片，也可以应用于彩色打印机里用相片纸打印出的照片。

——罗宾

为了得到下图中所显示的层次错落叠加的效果，约翰·托雷特（这些 CD 标签的设计者）首先画出最初的形状，擦去漂白剂，然后在同样位置再画一次，用以去除更多的底色。

借助漂白笔，你可以将照片上的某个人完全去除。漂白之后，只会在照片上留下一个白色的形状。非常方便。

——罗宾

3.11　应用遮蔽胶带

　　将遮蔽胶带作为模板使用是一种操作简单但很有意思的技法。将遮蔽胶带撕开，会产生很自然的、不平整的边缘。在胶带上涂抹颜料，能够获得整洁但富有纹理的效果。

小窍门！此外请查阅第45页介绍过的用遮蔽胶带制作纹理的技法，以便获得略显凌乱的外观。

——罗宾

1. 第 1 步从一张干燥的水彩画纸开始。还可使用涂抹过颜料的画纸，但需确保颜料已完全干燥。

2. 取出低黏性皱纹纸遮蔽胶带，或剪或用手撕，得到各种形状和长条。将遮蔽胶带粘贴到水彩画纸上，并用手抚平边缘，确保与画纸粘贴牢固。
（如果没有或者不需要耐久性的胶带，也可以使用普通老式遮蔽胶带。）

3. 在胶带上层涂抹颜料并晾干。可以重复此步骤，来制作一个多层次的、有趣的纹理，如下图所示。

将胶带作为阻隔剂，制作简易条纹

1. 想要制作出很棒的条纹纹理，首先将遮蔽胶带轻轻粘贴在预先涂抹过颜料的表面。

2. 在纸张页面和胶带上层再次涂抹颜料。

3. 待颜料干燥后，小心地将遮蔽胶带剥离页面。条纹的边缘可能有点不同寻常，这很好！

4. 如果你希望图中的条纹与背景略微融合，就在整个画作表面涂一层彩釉（将丙烯颜料与亮光剂或亚光媒介剂相混合得到）。

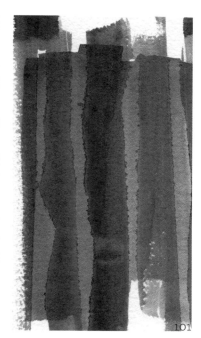

3.12　借助保鲜膜

这既是最容易操作的技法之一，也是我最喜欢应用的技法之一，这种技法能够产生极其复杂斑驳的纹理效果。在厨房（或车库）你可以找到很多作为适合的材料配合水性媒介应用在这个技法中的物品，其种类之多令人吃惊。

丙烯颜料也可以应用于这一技法，操作同样简便。

配合丙烯颜料应用这一技法，我为莎士比亚双月刊的展示盒插图创作了一幅很棒的夜空图。

——罗宾

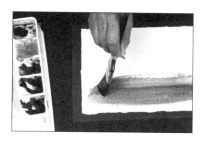 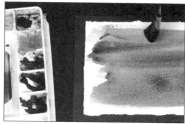 

1. 在一张水彩画纸或油画画布上涂抹一层厚重、丰富的颜料。
   这个技法应用在深色颜料上效果更好、更明显。水彩颜料干燥后颜色
   会略微变浅，因此需要确保避免做无用功。

2. 取一片与画纸大小相同的保鲜膜放置在潮湿的颜料上。

 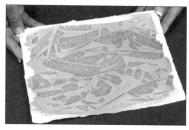 

3. 将保鲜膜在颜料中来回揉动，
   确保表面有足够多的褶皱。
   然后待其自然晾干。

4. 干燥后，将保鲜膜剥离。所得
   到的纹理总是会使人感到惊喜。
   当然，要马上对它进行扫描，
   然后将其用在另一个有趣的平
   面设计作品中。

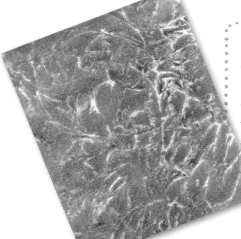

小窍门！如果手边没有保鲜
膜，随便抓个塑料袋也能用。把
它杵到潮湿的颜料中，然后即使
颜料没有干燥也可以将其剥离。
待干燥之后剥离也可以，这样形
成的纹理更加清晰分明。

——罗宾

3.13　纸巾和颜料

　　不要忽略了厨房或工作室里的纸巾。那种带有浮雕图案、很结实的纸巾有很多用途！一旦将它们染上颜色（方法后面会介绍），它们就可用作背景图、创作拼贴作品以及拾得艺术。

　　当你进行任何作品创作时，将擦拭颜料用的纸巾保留起来——喷上水，揉成一团，然后待其干燥。哇哦！新的艺术品出现了。

　　纸巾上的浮雕图案还可以作为印章使用——它能够快速、简便地将纹理图案印到你的画作上。

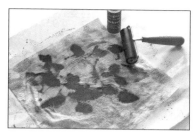

1. 对于一个大的整体图案，将一片带有压花图案的纸巾放入潮湿的丙烯颜料中，用手轻轻拍打纸巾，使纸巾上的压花图案浸入到颜料中，然后将纸巾剥离。

2. 趁着纸巾上的颜料还是潮湿状态，将纸巾用作印章，印出一两幅图案用于其他作品！

1. 用水彩颜料或丙烯颜料给纸巾染色。将纸巾折叠起来、卷成一卷，或用皮筋绑起来，然后将处理好的纸巾局部浸入到盛放着水性颜料的小碗中，方法类似对 T 恤进行扎染。

2. 将纸巾打开。如果有必要的话，在纸巾上喷点水，使颜色融合在一起。

1. 在蜡纸或冷冻纸亮光的一面，涂抹水性颜料或滴洒一些液体丙烯颜料。将一张纸巾覆盖在颜料上面。然后可以喷上点水、用滚筒在纸巾上来回滚动，或将纸巾上的颜料涂抹开（或者以上三种方法结合使用），直到纸巾吸饱了颜料为止。

2. 如果纸巾上面蘸的颜料很多，可将纸巾覆盖在另一个画胚上按压拍打（参见下一页的案例）。

3. 如果纸巾是双层的，把两层纸巾分开，这样一来你就得到了两幅作品！薄一点的纸巾可以当作和纸来使用，具体技法参见 2.7 节。

左图一： 在这幅插图中，我先用一张纸巾创作了背景图上的纹理。然后在背景图的表面涂抹了一层染过色的凝胶，通过刮擦处理，形成微微细雨的视觉效果。

左图二： 背景图实际就是纸巾创作的，用凝胶当作黏合剂粘贴到了背板上。我在背景图的表面也涂抹了一层染过色的凝胶，并通过刮擦的方式在表层创作出了更加丰富的纹理效果。

将各种技法结合起来！

创造出更多的可能性！这些图片上应用了多种技法，包括：涂色、泼洒颜料、吹涂颜料和盖印章。在图片中，你可以看出应用了树叶、金属色水彩颜料、从办公用品店买到的模板以及从商店买到的印章。当你四处涂鸦的时候，也许该把全部这些画作都保留好，以便用于未来的项目中，包括拼贴画或拾得艺术插图。或者还可以把画作切割成马赛克使用。用途太多了！

——罗宾

第4章 将纸张和金属应用于项目创作

纸张是平面设计行业的基础。本章介绍了很多专门针对纸张的技法，包括如何自己动手制作纸张。

还有金属——谁会不喜欢闪闪发光的东西呢？只要看一看那些可以追溯到古典时期的光彩夺目的手稿，就会知道文字也如同精美的珠宝一样可以被装饰得美轮美奂。

我喜欢在作品中加入一点金属元素。但我试着控制金属元素的使用范围——它们太有诱惑力了，真想到处都用上金属叶子、闪亮的色彩或几滴金色的颜料。如果谨慎使用，这些技法能够为设计作品增加层次感和维度。

纸张和金属

4.1 在纸张上制作大理石纹理

　　手工制作大理石纹理的技法已经存在几个世纪了。只需走进一家售卖古籍的书店,看看古籍的衬页,就能领略这一古老而美丽的技法所产生的效果。参见第 110~113 页。

4.3 应用金属元素制作拼贴作品

　　通过一些简单的应用金属元素的技法,可以为你的数字作品增添一丝触感。参见第 124~129 页。

4.2 应用纸张制作拼贴作品

　　拼贴技法既富有创造性又耐人寻味,你需要不断发现并应用零碎的素材来最终呈现你想象的效果。参见第 114~123 页。

4.4 动手制作自己的纸张

　　通过嵌入纤维的方式将背景与主体材料结合在一起,可以自己制作纸张。这种自己制作的纸张具有有趣的羽状边缘和不均匀的透光度,为数字设计作品增添了极大的纵深感。参见第 130~139 页。

4.5　浇铸纸质 3D 图像

当你把水盆和搅拌器准备好，开始动手制作纸张的时候，可以同时浇铸一些三维物品作为设计插图。参见第 140~145 页。

4.8　用金属箔片制作图像

使用价格低廉的金属箔片来模拟镀金（金箔）的效果。可以将其应用于拼贴作品中的字母、图像、雕塑，等等。参见第 152~153 页。

4.6　模拟素压印纹理

可以模拟素压印的昂贵效果。这种图像不是打印上去的，而是随着纸张一起生成的，可创造出淡淡的、有触感的纹理图像。参见第 146~149 页。

4.9　粉末凸印法

通过应用凸印粉和加热枪，能够创作出精致的手作元素。这种技法很容易通过手工实现，便于应用在短期项目中。参见第 154~157 页。

4.7　金色凹凸印纹理

用金属色颜料绘制凸印或凹印图像，模拟金属箔片压印的效果。参见第 150~151 页。

4.1 在纸张上制作大理石纹理

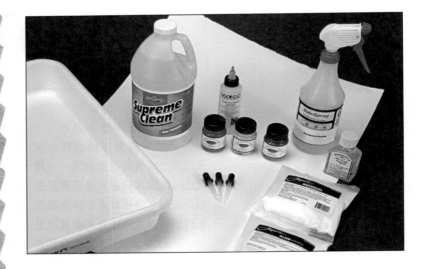

　　为了在纸张上制作出大理石纹理，需要使大理石颜料漂浮在经过特殊处理的水之表面，然后将纸张浸入漂浮着的颜料中。

　　传统制作大理石纹理的过程是劳动密集型的，产生的气味难闻且有毒害。当然，传统方式能够做出最令人惊叹的效果，但是我没有足够的时间、设施或者耐力，所以我选择更加友好、温和的方式。

　　如果我们将颜料，甚至油性颜料放在普通清水的表面，颜料很快就会沉下去。在传统工艺中，将一种叫作卡拉胶苔（一种可食用海藻）的材料煮沸后加入水中可以解决这个问题。这种方式创造出了"重水"。这样处理之后，颜料可以漂浮在重水表面足够长的时间，使我们得以在漂浮的颜料上创作出一幅设计图，并转印到纸张上面。

不幸的是，这种卡拉胶苔会散发出一种难闻的臭鸡蛋味儿。即使是为了艺术，我也无法忍受，因此，我使用一种叫作羟丙基甲基纤维素的合成材料来制作重水。我还发现，使用油性颜料做出的纹理效果太脏乱了（即便是我来操作），所以我使用特殊配方的丙烯大理石油墨，这样得到的效果就很令人满意了。

将质地轻薄的 BFK 版画纸作为画胚非常适合，因为它的表面没有任何纹理，而且在制作大理石纹理的过程中难免会接触到大量的水，而 BFK 版画纸可以承受得住。

在制作大理石纹理之前，首先需要制作重水并准备好纸张、颜料。

1. 准备水：

将 1 加仑室温清水倒入一个大平底锅中，加入 1~1.5 盎司①的羟丙基甲基纤维素进行混合。

2. 在混合液中加入 1 调羹氨水（无泡氨水），静置 20 分钟。

- 在静置混合液的同时，准备好纸张，使得大理石纹理能够顺利形成（参见下一页）。

---

① 1 美制液体盎司 = 29.57 毫升；1 英制液体盎司 = 28.41 毫升。——译者注

5. 准备颜料：

　　大理石颜料必须经过稀释——稀释后的样子应该看起来像半脂奶油。如果颜料浓度调配得不正确，那么它就不会漂浮在重水的上层，而会沉到平底锅底部。

3. 准备纸张：

　　将 1 调羹白矾粉末加入 1 夸脱[①]热水中制成混合液，然后将调制好的混合液喷洒在需要蘸入颜料的那一侧页面上。这样可以使纸张吸收较少的水分（进而能够吸收更多的颜料）。

4. 在等待纸张干燥的同时，准备好需要用到的颜料。可使用吹风机加速干燥过程。

　　为了使颜料能够漂浮起来，可以在颜料里滴入 1~2 滴 Versatex 牌分散剂或牛胆汁。

6. 将颜料加入水中：

　　使用滴管小心地将少量稀释后的丙烯颜料滴到重水表层，通过这个方法来创作图案。

　　滴入颜料时，小心地将滴管接近重水的表面，以防重力作用使大部分颜料沉到平底锅底部。颜料滴入后会随即散开呈一个个圆形。

7. 首先滴入的颜料会散开为圆环形。可在圆心处滴入另一种颜色的颜料。

　　去威尼斯的时候，我被纸张商店里华美异常的大理石花纹纸迷住了。这些颜色和图案跟鹅卵石一样古老。当然，作为一名泛藏家，我想把它们全部带回家收藏起来。而我也的确悄悄带了三张回去，这样当我自己创作大理石纹理时，就可以用它们来激发创作灵感。

——卡门

---

① 1 美制（液体）夸脱 = 946.352946 毫升；1 英制（液体）夸脱 = 1136.5225 毫升。——译者注

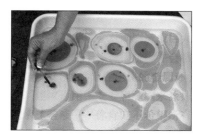

8. 如果你希望最终纸张表面能够蘸上更多颜料，那么继续向重水中滴入颜料，直到平底锅里水的表面已满满覆盖上一层颜料。

9. 当水的表面已经覆盖了足够多的颜料之后，用扦子、棍子、大理石颜料梳或其他工具旋转搅动颜料，在重水的表面设计出纹理。

10. **将纸张浸入：**
取出干燥的纸张。小心抓住纸张边缘，将经白矾处理过的那一面浸入重水表层漂浮的颜料中——一个角一个角地按顺序浸入。

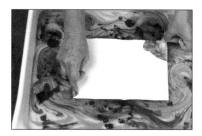

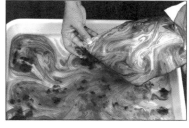

11. 确保纸张接触到了重水表层的颜料。

12. 将纸张迅速抬起，并用冷水冲洗掉黏糊糊的残渣——将纸张放置在流速缓和的冷水下冲洗。水流不要过大，否则会把大理石纹理弄坏。

13. **完成！** 像晾衣服那样将纸张挂起来，或者用吹风机加速干燥过程。

小窍门！ 有时纸张干燥后会有点卷翘。这通常不是问题，但如果你想让纸张非常平整，那就在纸张背面喷少许水，然后将带有纹理的纸夹在两张废纸之间，并在上面压上几本厚厚的书，放置一夜就好了。

4.2 应用纸张制作拼贴作品

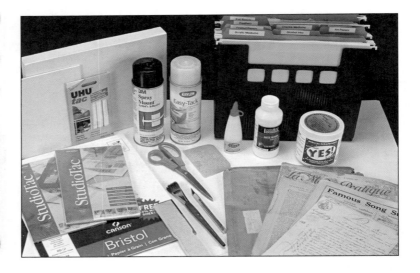

　　用于拼贴技法的工具和材料包括美术家和插画家使用的工具和材料，以及手工艺人和剪贴簿作者使用的工具和材料。你需要用到一些不同寻常的材料，这些材料可以制造污迹或带有漂白效果的区域。

　　在你准备用于拼贴作品的纸张上，可以尝试一些超乎常规的方法，比如使用漂白剂、鞋油、记号笔、彩色粉笔、彩色铅笔、彩色蜡笔、墨水以及其他材料。还可以使用非常规的材料创造属于自己的技法，随意地将各种不同的素材弄乱、破坏或进行美化处理。

用于拼贴画的材料

可以广泛收集并储存各种纸张和其他材料，然后将它们用于拼贴作品中。我总是到处寻找那些能够加以利用的零碎小物件。我从杂志上剪下纹理图片，无论到哪都会寻找非同寻常的纸张。我还会从古董商店购买古老的乐谱、地图和收据。我也喜欢来自亚洲市场的冥纸。就连迪士尼花车巡游中的彩色纸屑都逃不过我这个贪婪的拼贴迷的"魔爪"。我将收集到的每样物品都分门别类地整理好，装在便携式文件夹里，并贴好标签，这样当灵感袭来之时，我就能找到所需的物品。

实施拼贴技法时，所需工具并不多，仅仅需要：各种纸张、一个不错的雕刻垫板（参见第117页）、金属直边尺、切割工具、一把刷子、胶水，还有一个能将所有物品粘上去的画胚。最重要的是，你需要持一种创造性、实验性和积极热情的态度。

版权问题

很明显，作为拼贴插画家，你一定不希望因侵犯版权而进监狱，因此必须格外小心，不要"借用"别人的东西。如果作为学生，你要进行课堂项目的创作，那么问题不大，因为你不会将学生项目作品发表并用于牟利（而且你可能也不会得到用于购买摄影作品或其他艺术品的预算）。然而，作为专业人士，你必须为所用的任何照片或图像支付费用——除非使用来自公共领域和无版权的资源。保持一种习惯，小心使用拼贴插画中所需用到的素材。

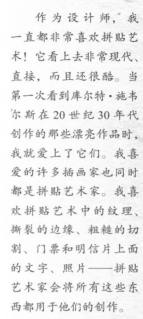

作为设计师，我一直都非常喜欢拼贴艺术！它看上去非常现代、直接，而且还很酷。当第一次看到库尔特·施韦尔斯在20世纪30年代创作的那些漂亮作品时，我就爱上了它们。我喜爱的许多插画家也同时都是拼贴艺术家。我喜欢拼贴艺术中的纹理、撕裂的边缘、粗糙的切割、门票和明信片上面的文字、照片——拼贴艺术家会将所有这些东西都用于他们的创作。

当然，Photoshop软件在创作合成照片方面是一个非常棒的工具。它有一些功能是手工艺术家无法实现的，比如透明效果。尽管如此，我们还是有理由把那些艺术材料拿出来，切碎、撕破、泼洒上颜料、粘贴及绘画。最后形成的作品有可能看上去是完美的、现实的、脏脏的、凌乱的、整洁的，无论怎样，总之都是非常人性的。

——卡门

留意各种可能加以利用的纸张。

请参见图灵社区本书页面（http://ituring.cn/book/2742）"随书下载"处，其中列出了一些资源，以便你找到免费以及费用不太高的图像。

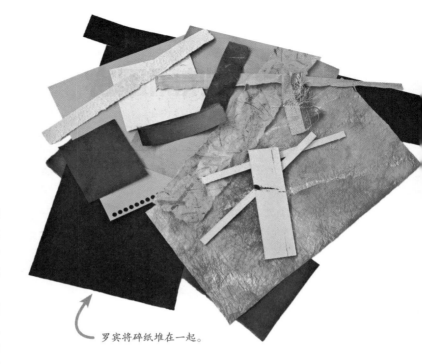

创作用于拼贴作品的纸张

可以自己动手给纸张染色，创作出很多突显个人风格的拼贴用纸。水彩和丙烯颜料都是很好的染色剂，并且能够在各种纸张上创作出纹理效果，本书介绍了很多技巧。

在水彩画纸上绘制自己的专属图案，这样做的一大好处就是，你可以得到漂亮的白色撕裂边缘，这和你的插画能够形成非常大的反差，而其本身也是一种很棒的纹理。

试验一下泼洒颜料、墨水、金属色马克笔以及不透明墨水马克笔的效果吧。

将木炭笔、彩色粉笔、彩色铅笔，或者"Distress Ink"印台用于自己创作的碎纸片、破碎纹理中，从而创作出你自己的特殊材料。

一定要把所有项目中剩下的碎纸片收集起来！对于拼贴艺术家来说，即使是细小的碎片，也是非常有用的。我一般会把小碎纸片放在信封中，贴好标签，保存起来。

罗宾将碎纸堆在一起。

卡门将碎纸放入信封中，整齐地贴好标签。

用于拼贴作品的画胚

除了所能找到、创作或者购买的纸张之外，你还需要一些支撑，以便能够将物品粘贴上去。可以使用几乎任何东西作为支撑：木头、金属、油画画布、水彩画纸、盒子，等等。只需确保使用与画胚相匹配的黏合剂（参见下一页中的说明）。

切割工具

由于剪贴簿成了当下的一种流行艺术，因此市场上出现了很多新的切割工具。有造型优美带有精致可替换刀片的修剪机；有能够切割完美圆形、方块和其他复杂形状的模切工具；甚至还有一些带有锯齿形刀刃的剪子（参见第 12~15 页）。对于拼贴艺术来说，这些工具中的大部分对设计师很有用。但是，当创作严肃类型的插画作品时，可不要搞得太花哨了。

还要考虑成本。当你创作有重要意义的拼贴插画时，能够用到雪花形状打孔器的机会有多少呢？就我个人而言，我坚持使用简单几何形状装饰图案，并使用那些功能比较灵活的工具（例如同一工具能够切割不同直径的圆形）。尽管如此，还是有很多手工艺人使用的工具非常适用于平面设计工作，不仅仅是数字设计方面，对于创作向客户展示之用的 3D 模型以及短期使用的手工制作邀请函也很方便。因此，我总是会四处寻找最新、最好用的切割小工具。

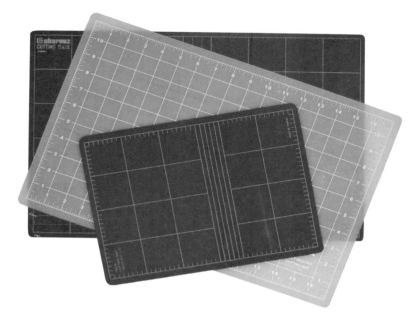

自修复雕刻垫板

在刻东西时能有一块自修复雕刻垫板非常重要。这种不可或缺的工具有多种尺寸和颜色可供挑选。很多新手设计师会将一打艺术纸包装背面的硬纸板当作雕刻垫板使用。"嘿，这多省钱"，但这种想法是错误的！如果你花费了几个小时创作出一幅插画，正准备将这幅杰作装裱起来，却因为你的刻刀陷在硬纸板上之前刻过的一道痕迹中，而使得刻出的边缘歪歪扭扭，这时，你就会想起自修复雕刻垫板的好处了。

我比较偏爱透明的垫板，因为在光台上使用时，可以透过垫板看到下面。我有几种尺寸的垫板——大号的用于大型项目，中号的便于随身携带，还有一块小号的正好可以放在我旅行所用的小平面设计工具箱里。

用于拼贴作品的黏合剂

可以用于拼贴作品的胶水和黏合剂有很多种。你需要进行实验，确保所选择的黏合剂适用于某个特定项目。如果需要进行拼贴的物品种类比较多，那么有可能需要用到不止一种黏合剂。

Xyron 自制贴纸机

黏合纸张

轻薄的纸张用丙烯媒介剂就很好（比如亚光媒介剂、聚合物媒介剂，或者任何种类的凝胶），或者还可以使用 Yes! 牌胶膏。Sobo 和 Elmer's 牌白胶（聚乙酸乙烯酯，亦称 PVA 或聚合物）也可以。

橡胶胶水

如果你决定使用那种古老而受欢迎的纸张胶水——橡胶胶水，那么需要确保购买一种耐用型的品种，这样纸张才不会随着时间的推移而褪色。

黏合小配件

我个人喜欢使用一种名为 StudioTac 的可擦除黏合剂，因为它是一种干性胶，我可以将其用在小块的材料上，而不会把胶水弄得到处都黏糊糊的。

黏合有一定重量的物品

具有一定重量的物品需要用强力黏合剂。木头和金属可能需要环氧胶、E-6000，或者丙烯塑型膏。

粘贴工具

剪贴簿行业已经出现了各种粘贴小工具，可能价格有点贵，但很酷，也很干净整洁。我有一台 Xyron 900 自制贴纸机（大约 80 美元），转几圈小把手就可以在纸张背面整齐地覆上薄薄的一层黏合剂。

临时黏合剂

UHU Tac 或者海报泥子都是很好的临时黏合剂。在创作剪贴画时，当你只是想看看一些物品放置在某个位置效果如何，这些临时黏合剂就非常适合。

喷胶

喷胶很适合应用于剪贴画创作。它们能在作品背面形成一层薄雾，这样当你将物品粘贴到平整的画胚上时，就可以避免难看的鼓包以及边缘渗出的胶水。

当用喷胶给物品喷洒胶水时，一定要身处户外，或者在喷雾匣（一个大盒子就可以当作廉价的临时喷雾匣）里面操作。这是因为当使用喷胶时，胶水的细微颗粒会被释放到空气中，然后下落，不仅会落到你的艺术品上，还会落到地毯上、小猫身上和毫无戒备蹒跚学步的幼童身上。不久之后，地板上就会出现污点，小猫身上会沾满灰尘，CheeriOS 麦片也会粘到小朋友的肩膀上。如果在户外喷洒胶水，记得在喷胶处下方铺上一张报纸以保护人行道或车库地板，否则泥土粘到喷过的地方会留下难看的痕迹。

可供购买的喷胶种类很多。有些强力胶可以帮你把地毯固定在地板上，比如 Super77。其他种类的喷胶黏性很低，可用于临时固定。作为一名专业设计师，你可能需要各备上一罐。

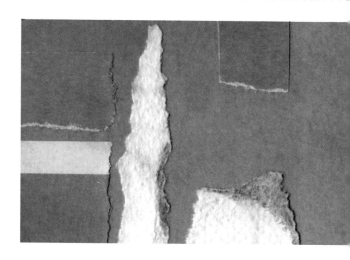

喷胶的价格并不便宜！因此需要保持喷嘴的清洁，这样才能不浪费投资。当给艺术作品喷洒胶水的步骤完成之后，将喷胶罐子头朝下放好，取一张纸巾放在喷嘴前面，按几下喷头，用纸巾将喷嘴仔细擦拭干净。如果喷嘴确实堵住了，那就得在美术用品店再买一个，或者尝试使用 Q-tip 棉签蘸取橡胶胶水稀释剂或洗甲水来清洁喷嘴。

抛光

当拼贴作品完成之后，应该先确保所有物件都牢牢地粘住了，然后再对作品进行扫描。参见第 15 页，了解能派上用场的几种抛光工具。

提高效率！

作为一名设计师，能够利用高效的工具和方法来进行数字设计创作至关重要，还要确保作品传达恰当的视觉信息。当然，在 Photoshop 软件中可以将很多细节进行修图处理，但是把时间花在这个事情上是最佳选择吗？如果在作品创作的最初阶段就能够非常小心，整个过程都保持作品整洁、干净，操作周到细致，那么就可以在处理数字图像阶段省去很多枯燥乏味的修图工作。

但是记住，作为数字设计师，我们拥有巨大的优势——如果有必要，我们能够对作品中的不尽如人意之处进行修复！我们并不是在绘制壁画！这赋予了我们极大的自由。

——罗宾

1. 当你决定了拼贴作品将要表达什么内容之后，选择相应的材料，然后将材料铺开。有时候，自由和直接的方式能够创造出最佳解决方案。然而另一些时候，尤其当一幅拼贴作品是针对某个特定项目时，首先需要根据作品的形式和主旨创作一幅缩略草图，然后再开始正式的插画创作。作为设计师，你必须选择效率最高、最有效的方式为最终的作品合理设定好参数。

2. 在选定了最初的一些纸张、纹理、照片、门票、明信片等之后，开始对它们进行一系列处理，比如：分类、切割、撕开、在上面绘制图案等，直到设计逐渐成形，能够有效地传达信息为止。

你会发现，从对这些设计元素进行排列开始，随着创作进程的发展，你逐渐需要用到更多的素材，要么制作更多、寻找更多，要么购买更多。这个过程就是这样的，只需跟随工作过程慢慢来，灵活处理即可。做你该做的就可以了。

3. 可采用一些大块的形状使拼贴作品形成一个稳固的基础。记住，鲜明的对比是一种很好的效果。因此，尝试对边缘、相对的尺寸、颜色以及纹理进行一些改变，目的是为了得到更加具有活力且能够有效表达内涵的作品。

小窍门！思考一下作品的比例。你的插画或者文本必须符合一个特定的格式，因此设计的合理性就很重要。通常，将实际的拼贴作品做成比需要的尺寸略大一些，然后在计算机上将尺寸进行缩小，这种操作比较容易。而将一个长方形图像或者文本块调整到一个正方形的格式里则比较难以操作。因此，在作品创作的最初阶段，至少得将参数合理地规划好。

4. 将一些元素从作品中去掉与选择元素放入作品的设计中同样重要，因此如果这些元素有损于作品的表达，则不必害怕把它们去掉。

5. 在第一轮概念表述阶段，将拼贴作品的各个元素仅做临时粘贴是个好主意——客户的想法总是变来变去。我喜欢用小块的海报泥子将各个元素固定住，完成第一次的扫描。

6. 一旦拼贴作品的基础概念得到了客户的首肯（如果有必要的话），那么就是时候将各个元素粘贴上去了。

我最喜欢的黏合剂之一是 Yes!牌胶膏，但这种胶膏在使用时必须涂抹得非常平整均匀。因此我在涂抹时会使用从五金店就能购得的小刮板（如上图所示），你也可以很简单地使用一块边缘切割整齐的垫板来涂抹胶膏。

7. 另外我还喜欢用 Letraset StudioTac 干性胶来粘贴一些小零件。这是一种摩擦转移胶。StudioTac 基本上是粘在半透明材料上的小小的点状物。使用时，首先将起保护作用的背纸剥离。

8. 先用抛光工具将黏性小点摩擦粘贴到小零件上，然后再将小零件摩擦粘贴到拼贴作品上。

9. 将起保护作用的背纸重新贴到 StudioTac 上面。

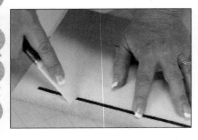 

10. 用抛光打磨工具将创作元素固定在拼贴作品上。在这一步，我喜欢使用 StudioTac 低黏性品种干性胶，因为有时我想做一些细微的调整，而低黏性胶提供了更好的灵活性。

11. 另一种我喜欢在创作拼贴作品时使用的黏合剂是亚光媒介剂（如上图所示）。亚光媒介剂涂刷后很光滑，干燥之后表面呈透明亚光效果。

在进行扫描时，我们希望避免发亮的东西，因为反光材料会导致图像上出现热点。记住，我们正在努力避免在 Photoshop 软件中的修图工作。

在将各种元素粘贴到拼贴作品时，尽量保持整洁、细节精细。保持手指清洁，尽量避免使用过于液态化的胶水。

作品完成之后，用一张干净的纸巾覆盖在拼贴作品上面，借助抛光打磨工具使每个元素都粘贴牢固。

把拼贴作品扫描为电子版之后，我会在计算机中继续进行拼贴处理，如上图所示。

一名神秘的学生将这幅有趣的拼贴扔进了垃圾堆。当然，我可不会将它漫不经心地丢掉——这可是拾得艺术品！而且做得很漂亮。

正如你所看到的，从杂志中得到的纹理、旧收据上的数字，还有一片和纸与几片报纸嵌入其中，形成了一种独特的构图。

这里的教训就是：不要随便丢弃那些被认为不太成功的作品（否则，某位有魄力的同事就有可能将它从垃圾堆里翻出来，用在一张有趣的海报上）。

扫描拼贴作品

我自己做了一个小型扫描仪暗盒，用来扫描 3D 物品。那是一只由黑色泡沫橡胶板和黑色摄影师胶带制成的小盒子，2 英寸深，正好能够装下我的扫描仪玻璃框架。

我用 UHU Tac 将新鲜的兰花（如上图所示）固定在暗盒里，然后对其进行扫描。如果把花直接放在扫描仪的玻璃板上，娇嫩的花瓣就会被弄坏。

我用柳条和椰叶纤维做了一个框架，然后用 UHU Tac 将框架固定在一张树皮纸上，同样进行扫描。

在 Photoshop 软件中，我将扫描好的图像合成在一幅图中，并用 InDesign 软件给这幅图加上了文字。

4.3 应用金属元素制作拼贴作品

工具和材料

- 画胚：油画画布、水彩画纸、布里斯托硬纸板，等等
- 一张艺术金属箔片（我用的铜箔片）
- 红铜色表面涂层（我用的是精密饰面红铜色装饰金属涂层）
- 锈迹媒介剂
- 打孔器
- 金属垫圈（带有孔眼）、金属垫圈定位工具及垫子
- 带尖头的抛光工具
- 钢尺
- 画刷
- 纸张穿孔器
- 雕刻垫板
- 钢丝刷
- 遮蔽胶带

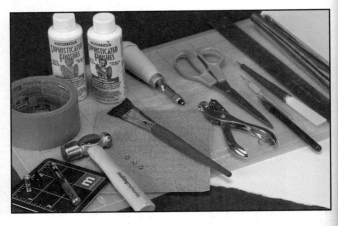

所有种类的材料都可用于拼贴艺术，包括金属和金属垫圈（带有孔眼的金属或者小个儿圆形物品，可插入圆孔中起到装饰边缘作用）。还有在大多数特定商品店和美术用品店可以买到的艺术金属箔片。可以将箔片切割成特定的形状，打磨表面，在箔片上压印图案和文字。你的项目不会和这个完全一样，但如果跟着做，会学到很多技巧和窍门，能够帮助你创作属于自己的金属元素作品。

如果你决定使用艺术金属箔片，一定要小心它的边缘，非常锋利。强烈建议你在切割和折叠金属箔片时戴上手套。

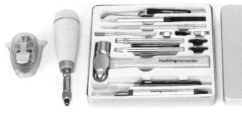

我最喜欢的一个工具套装在这类项目中可以派上用场了——那是来自 Making Memories 品牌的工具箱，是专门为纸张艺术家设计的一个精美的小盒子。我有一套这个品牌豪华版的工具箱，售价约 40 美元，包装是一个漂亮的马口铁盒。里面的工具包括：一把裁纸刀、胶水笔、小锤子、带有三个头的打孔器、通用孔眼（金属垫圈）定位器、四个不同的接头、镊子、带有四枚针的一个套装、高配版纸张穿孔器、刻写用尖笔、6 英寸尺子以及一块黑色定位垫板。现在你知道情人节想要什么礼物了吧！

在特定商品店里，有很多漂亮的金属平头钉可供选择，它们都可以作为金属垫圈（带孔）的替代品。你需要做的就是在金属上戳个洞，然后用平头钉把金属安装到拼贴作品上。

不要把平头钉局限于与金属元素配合使用——这些漂亮的平头钉可以用在任何风格的拼贴创作中。

——罗宾

1. 在这幅拼贴作品中，我将会应用多种金属效果。我已经在一页拼贴画上制造了一些锈迹效果（具体操作方法参见 2.3 节），现在我要在一片美术用铝箔纸上创作一个图案，然后将其引入这幅拼贴画中。

首先，在一张仿羊皮纸上画出你想做成金属效果的形状。

2. 小心地将这个形状剪下来，在四周额外留出 1/2 英寸宽度的余量，因为需要将箔纸的边缘向下向内折叠以把锋利的金属边缘藏起来，所以至少需要留出这么多的余量。

3. 从一卷美术用金属铝箔纸上剪下一块，使用专门用于这类工作的旧剪刀或者铁皮剪。不要用崭新的精密剪刀，因为剪切金属铝箔纸会使刀刃变钝。

4. 用铅笔将图案描到铝箔纸上，用力按住并在铝箔纸上描出凹痕。

5. 如果你想在铝箔纸上做些刻印，那么需要把铝箔纸放在一个垫子上，垫子要有弹性，比如手工用品店售卖的泡沫橡胶垫（金属工匠用绒面皮做的垫子）。我一般会垫上雕刻垫板。

动手在铝箔纸上刻印之前，先将铝箔纸的四周用胶带贴在垫子上，这样铝箔纸就不会轻易移动位置了，更重要的是，你自己也可以避免被铝箔纸锋利的边缘割伤。

6. 用压花笔在铝箔纸上进行凸印，笔画要坚定流畅（刻印精细的线条时选择使用细尖笔，刻印更深、更粗的线条时则使用粗头笔）。

7. 取下胶带，按照设计好的形状来剪切铝箔纸。小心铝箔纸锋利的边缘，不要割到手。真的应该戴上手套。

8. 在方角处，向着图形中心方向斜剪1/2英寸。

9. 将周围边缘向反面折叠。然后用抛光工具在铝箔纸的背面将折叠部分压平。

10. 将铝箔纸翻面，正面朝上，用抛光工具将正面的边缘同样压平。

11. 我打算通过金属垫圈把铝箔纸和整个拼贴作品固定在一起，而且还希望在铝箔纸的四周边缘处打孔作为装饰，所以我在准备打孔处做出标记。

12. 使用打孔器打孔。在比较厚的拐角处，我通常使用 Martha Stewart's 螺旋冲压打孔器，这个工具非常方便，值得纳入收藏。

13. 我想对铝箔纸表面进行打磨，做仿古处理。我用一块细砂纸打磨表面，并用钢丝刷进行刮擦。

14. 使用金属垫圈把铝箔纸固定在拼贴作品上时，首先在孔心处用针、探针或锥子做上记号。

15. 在需要打孔的位置下方垫上一块垫子（第 125 页介绍的工具箱中带有一块垫子）或一块废木头。

16. 用一把小锤子跟打孔器配合使用，在画胚上打出小孔。

17. 将金属垫圈放入打好的孔中。

18. 把拼贴作品翻过来，将金属垫圈的背面固定好，这样它就不会掉出来了。现在可以继续完成你的拼贴作品了！

　　我在铝箔纸上应用了锈迹效果，具体操作方法参见 2.3 节。

我希望这幅海报带有一种坚毅的气息，而打孔的铝箔纸帮助呈现了一些这种感觉。我还希望可以捕捉一些体现里约热内卢风格的岩石、树叶和沙子的色彩及纹理，因此我应用了塑型膏、含有杂质的凝胶、锈迹效果、砂纸打磨，甚至还在丙烯颜料中加入了一点金属装饰色。以上这些技法结合使用，为这幅作品打造出了丰富的层次感。

——卡门

我在 InDesign 软件中设计好印刷文字的部分，然后打印出来，将其粘贴到一片红铜色铝箔纸上，再从铝箔纸的背面，手工把文字凸印上去。

——罗宾

4.4 动手制作自己的纸张

工具和材料

- 棉绒或纸张
- 一个大塑料盆
- 搅拌机
- 造纸网框（木头框架中镶有筛网）和定纸框（仅有木框，不带筛网）
- 比造纸网框略大一些的浅托盘
- 跟定纸框同样大小的一片塑料窗纱网布
- 白色工艺毛毡
- 白色茶巾或白色棉质餐巾
- 压板或干净的家用海绵
- 家用熨斗
  （或使用造纸工具套装，可在Arnold–Grummer网站或手工用品店购买）

    造纸是一个简单的过程，但能带给平面设计师无限的可能。手工纸漂亮的羽毛状边缘被称作"毛边"（手工纸的标志），这就是我喜欢自己造纸的一个原因。

    你可以在纸浆里直接加入各种元素，为许多平面设计作品创造出完美的背景纹理。我总是会发现一些新的可以混入纸浆中的东西，从而产生有趣的效果。

    尽管造纸的过程看上去似乎很麻烦，但实际上花费的时间比你想象的要少许多。而且效果非常令人满意。

1. 在一个塑料盆（大小要能够放下造纸网框）中倒入半盆温水。在搅拌机中放入温水，高度达到"4 杯"的标记处。

2. 如果用的是再生纸，那么需要将纸撕碎成小块，然后抓一大把放入搅拌机中。如果购买了一整张棉绒纸，那么也需要将棉绒撕碎。（如果想使用旧布片来造纸，请先参阅第 136~137 页。）

注意：不要将长纸条放入搅拌机内，因为长纸条会缠住刀片，烧坏马达。一定小心！我亲爱的学生们已经因为这个缘故烧坏好几台搅拌机了。还有，记得搅拌机里要加入足够多的水。

　　这些棉绒（看起来像粗棉绒）能够制造出洁白的纸张，真希望能加进一些色彩和杂质。这些棉绒应用于浇铸 3D 物品也非常棒——下一节会进行介绍。

　　有时我会使用在艺术商店或者手工用品店能够买到的 Arnold Grummer 系列材料中已经切割好的棉绒。

　　如果你希望使用环保材料以达到循环利用，也可以使用废旧邮件或者家里用不着的纸张。只需记住，制作纸浆的材料决定了成品纸张的颜色和外观。如果选择了经过打印的纸张，那么打印的油墨会使制作出来的纸张带有一种脏脏的、灰色的、工业感的调性。

　　如果你打算在做好的纸张上写字，或者把它留给子孙后代，就需要在搅拌机中加入 1/8 调羹的酸性去除剂或纸张添加剂。它含有碳酸钙，能够起到填充作用，会使纸张表面更加平滑，而且还能中和会导致纸张变质的酸性物质。

3. 把搅拌机里的纸片充分打碎。通常我们需要的是优质纸浆——纸浆越细，做出的纸张越光滑。（而且水盆里放入的纸浆越多，做出的纸越厚。）

4. 把纸浆倒入盛有温水的大塑料盆中。也许一次搅拌的纸浆数量不够，要看塑料盆的大小而定，多倒入一些搅拌好的纸浆，才能得到纸浆与水的正确比例。我的8加仑塑料盆需要加入3~4次搅拌好的纸浆。

我喜欢在纸浆里加入各种各样的东西来创作有趣的纹理。有时候，我会把它们加到搅拌机内和纸浆一起打碎，从而得到更精致、更像是五彩纸屑那样的纹理。

如果希望加入的材料保持大块的形状，我会把它们直接加到水盆中，和打碎的纸浆搅拌在一起，就好像下图这幅例子"美元与再生利用"中切碎的美元纹理那样。

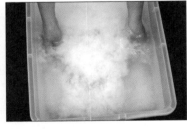

5. 用手继续搅拌纸浆，直到纸浆与水均匀地混合在一起。握住造纸网框，垂直，网面朝向自己，然后把造纸网框垂直放入盛有纸浆的塑料盆中。这一步动作尽量不要摇摆晃动。流畅、轻盈、稳定的动作，能够使做出的纸张品质更好、纤维更均匀。

6. 当造纸网框触碰到塑料盆的底部时，把造纸网框转成水平方向——网面朝上。

7. 将造纸网框直线向上拉起。因为你希望纸浆能够均匀分布在造纸网框上，所以如果网面上有堆积过厚的地方或者在某个边角处过薄，那么可以把网面上的纸浆去掉，将混合液轻柔地搅拌一下，然后重复之前的步骤。

8. 把造纸网框放入一个空托盘里控干水分。将定纸框盖在纸浆上面，与造纸网框的边框对齐，并用力压。这样操作能够产生好看的羽毛状边缘。

9. 小心地移除定纸框，保持网面上纸浆的状态不动。

10. 将一片窗纱网布放在纸浆上面。

11. 用一片压板（如果有的话，样子如上图所示，可能来自造纸工具套装）或者用塑料袋子包起来的一本书，或者一块干净的家用海绵，除去纸上的水。用力压。尽可能把水全部去除。但是，窗纱网布需要保持不动，所以在挤压水分的同时，要用另一只空出来的手把它牢牢固定住。

12. 将水分尽可能去除之后，用一条毛巾把托盘里的水擦去。轻轻地将窗纱网布揭下来，放到一边。

13. 把一张白色工艺毛毡（或者清洗干净的旧床单）铺在擦干的托盘里。

14. 把造纸网框翻面，放在白色毛毡上，纸浆面朝下。纸浆面紧贴着毛毡。

15. 用一块压板或者干净的家用海绵将多余的水分压干净。这个过程叫作"榨纸"。

16. 把毛毡和网框一起拿起来，用一个手指甲揭开纸浆的一角。通常由此处开始将纸从造纸网框上整个儿剥离。

17. 轻轻地把揭下来的纸放到一块干燥的毛毡上，或者一块旧床单上。

18. 把纸夹在几片熨烫布或者茶巾之间，然后用熨斗将其熨平（把档位定在"棉制品"的位置）。或者把它挂起来晾干，或者放在干净的地板上自然晾干。

　　记住，"错误"也常常会产生有趣的作品，所以，尽情尝试吧！大多数情况下，手工制作纸张并不需要样式统一。而如果做出的纸张表面不太均匀，也不必太担心——也许你会把它撕碎用于拼贴作品呢。

——卡门

自己造的纸

　　自己造出第一张纸，如此令人兴奋！

　　现在拿这张纸做点什么呢？首先，在利用这张纸进行进一步创作之前，先选择高分辨率扫描，把它扫描成电子版。现在你就有了这张纸的电子版文件，可以反复使用。如果你想把这张纸用在拼贴作品上，那么即使把纸撕成了碎片，也还有电子版图像可供使用，比如可以将它做成一个红酒标签。

　　在这幅 Marletta 红酒标签图例中，我把手工纸和一张黑色的纸放在一起进行了扫描，黑色纸作为背景，因此手工纸的羽毛状边缘就很漂亮地呈现出来了。如果扫描仪的盖板是白色的（我的就是），当扫描白色作品时，很难将作品和背景区分开来。

　　我在 Photoshop 软件中修饰了手工纸上的几个小的区域，然后把 TIFF 格式的文件在 InDesign 软件中打开，按照自己的风格对图片进行了设置。如果依据纸张的毛边形状对纸进行冲压，价格会贵得吓人，因此我把标签设计为黑色背景，而黑色也可以和装满酒的酒瓶颜色融合在一起。

　　这幅作品（上图）是由一条旧餐巾做成的，餐巾是棉质的，带有格子图案。这条是一套餐巾中的最后一条，我的孩子们从小用到大（下一页将对如何用旧布片制作手工纸进行介绍）。我在纸的底部和上层各放置了几片旧布片，然后将一些麻绳直接放在了纸的下面，并用砖块将纸压干。我相信，作为一名设计师，为了将形状压印到手工纸上面，你能想出很多种可能性。应用硬纸板的形状、厚模板以及自然物体，等等。

——罗宾

用旧布来制作手工纸

在读到卡门的操作说明之前，我从未自己动手做过手工纸，我也很想看看自己能不能用棉麻布、旧衣服和旧餐巾做成手工纸。我发现与棉绒相比，使用旧布只需要在操作过程中额外增加一个步骤，如下所示。

——罗宾

你会用到：

* 棉麻布
* 非铝材料制成的一口锅
* 小苏打
* 过滤网

在依照卡门介绍的手工纸制作步骤进行第 1 步（第 131~135 页）操作之前，首先完成下面这几步。

1. 将棉麻质地的物品剪成小碎片。不要使用羊毛制品或者合成纤维！

   如果选用在布料商店购买的新布料，那么要确保先把布料上的浆料洗掉。

   在这个案例中，我将使用一条旧裤子的一条裤腿来当作原料。这条裤子已经非常破旧而且开线了，但我非常喜爱它，不忍心扔掉。感谢上帝，我没有那么做。用锋利的剪刀把布料剪成小碎片。

2. 把剪碎的布料放入非铝材料制成的一口锅里，并倒入足量的水。加入几勺小苏打。

   用小火煮一个小时以上。煮的过程中需略加留意，因为会不小心煮过头，就像上图那样。不过不必担心——很容易清洁。

Fiskars 裁缝剪刀用来剪布料既好用又节省时间，但使用时一定要小心——现在我还在怀念我那被剪掉的指纹，那是在我 15 岁时，当使用 Fiskars 剪刀剪断一根线时，被一同剪掉的。Fiskars 剪掉我的指纹就如同剪断那根线一样轻而易举。

——罗宾

因为正在学习装订图书，所以我有一个压书器。而我发现用它来压制纸张同样特别好用。我在潮湿的纸张上下两侧垫上纸巾和旧床单，然后在纸张下面放上各种物品来压制成型，以便在纸张上形成各种各样的印记。你也可以用砖头或者厚重的图书来代替压书器使用。

——罗宾

3. 把锅里煮过的布料放在一个滤网里冲洗。将小苏打全部洗去。

4. 现在可以参照本书第131页，按照卡门的制作说明，继续制作自己的手工纸了。

确保每次在搅拌机里加入足量的水以及适量的布料——因为布料比纸张强韧许多，如果布料的量过大，搅拌机的工作负荷太大，就会把马达烧坏。猜猜我是怎么发现这个有趣的情况的？

用棉麻制品做成的手工纸经久耐用——这是百分之百的棉浆纸。由木浆制作的木浆纸遇水后会解体，而棉浆纸不会（这就是为什么美元纸币经过水洗之后依然完好）。

木浆纸直到19世纪中叶才在加拿大和德国被发明出来，这就是为什么我们仍旧拥有数量庞大的古老的手稿和典籍——古代人们用来书写的材料（包括羊皮纸和由动物皮制作的犊皮纸）都能够历经时间的考验。

1660年，英格兰通过了一条法律，禁止下葬时以棉麻织物包裹尸体，只能用羊毛制品包裹，原因是羊毛不能用来造纸。如此一来，每年可节省价值20万磅的布料用于造纸。

——罗宾

我刻了一个模板（用我漂亮的热尖模板外沿切割器，如第149页所示），把它放置在了刚刚做好尚且潮湿的亚麻手工纸下面。结果发现，刻好的形状在浅色手工纸下面会看得更清楚。所以从这张手工纸上透出的模板图形几乎看不清，我用金色墨水笔将图形勾勒了出来，如上图所示。

带有"内含物"的两个案例

在这个案例中，我在纸浆里加了几片树皮。这些加入的元素叫作"内含物"。你可以在纸浆里加入各种材料——干花、亮片、金属箔片、小段的线绳、五彩纸屑——只要是干燥的，什么都行。你肯定不希望手工纸发霉，所以新鲜的植物和花朵不太适用。

我的天才学生尼科尔·科吉奥拉给了我这张带有树皮的手工纸，我把它整页进行了扫描，因为我喜欢纸的边缘效果。我使用了博卡音乐家的照片，在 Photoshop 软件中，把图片设定为暖褐色色调，然后通过色相/饱和度调色盘（点击着色功能键然后调整色调），在 InDesign 软件中使用吸管工具从照片和手工纸的颜色中进行取样，用于图片中的字体。我还喜欢将图像和背景联系在一起，以求统一和优雅的风格。

——卡门

在这幅拼贴作品中，我买了一张已经自带一大块嵌入报纸的和纸（你不必事事都自己动手）。然后将这页和纸与自己压平的一片树叶还有其他元素结合在一起，用以贴合回收利用的主题。

——卡门

纤维纹理塑型膏（仿手工纸）

很匆忙，但你真的想要手工纸的视觉效果，是吗？那就从美术用品店买上一罐纤维纹理塑型膏吧。如果你想它带一点颜色，就在里面添加一点丙烯颜料。

——罗宾

1. 用抹刀或者泥子刮刀，在一张蜡纸或者冷冻纸上涂抹薄薄一层纤维纹理塑型膏。
2. 用手指把边缘弄得凌乱一点，做成毛边的样子。
3. 待其干燥。
4. 将其剥离。

　"手工纸"做好后，你可以在上面作画、打印，或者将其撕碎、切割，用于拼贴作品等。这种方法做出的"手工纸"虽然没有真正的手工纸效果那么令人惊叹，但它有一点好处——因为不是由木浆制作的，所以打湿的时候不会破损。

我把一小碗纤维效果塑型膏进行了染色，并加入了一些做木雕时剩下的碎木屑，做成了这片仿手工纸。

　我用透明数字底层媒介剂（参见第9页）做成了这片仿手工纸，将它的顶部和底部粘贴在一张普通证券纸上，放入我那台很便宜的喷墨打印机中。现在它已经准备好，可以用在项目中了。

4.5　浇铸纸质 3D 图像

工具和材料
- 用来制作 3D 图像的模具
- 棉绒
- 搅拌机
- 塑料盆
- Sculpey 黏土
- 意大利面条机（可选）
- PAM 牌不粘锅喷锅油（可选）
- 铝箔纸
- 烤盘
- 烘焙用油纸

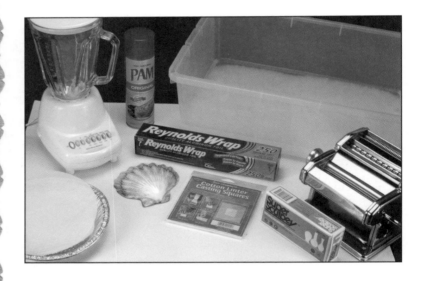

　　浇铸纸质模型是一种创作 3D 插图的绝妙技术。

　　为了浇铸纸质模型，你需要用到一个模具。很多人会用熟石膏来制作模具，但那就意味着，需要买上几大袋粉状的、尘土飞扬的东西，加水混合，并加入凡士林油发起泡沫，然后把这些湿乎乎的东西覆盖在浇铸模具上面，同时还需要确保留有适当的接缝，这样才可以把模具拿掉，等待浇铸的材料干燥……我没有时间来处理这个过程，也不愿弄得到处乱糟糟的，所以选择使用异常方便的 Sculpey 黏土来制作模型。我甚至还从我丈夫办公室外面拣了些树叶，配合 Sculpey 黏土浇铸了树叶形状的纸质图像。

寻找或制作一些模具，用来浇铸纸质图像。所有的东西都可以当作浇铸模具——树皮、石头、勺子、从牙医那儿得到的牙齿模型、碗、树叶、用熟石膏做成的孩子的手印，等等。当然，这些物品得与你所进行平面设计的项目有一定的关联性。

搅拌机里需要装满满的一整杯纸浆——参见本书第131~132页关于这一步操作的介绍。如果你将制造一大盆纸浆，也许可以同时顺手制作一些手工纸！

1. 我选择了能够浇铸出有趣形状的一个大个的贝壳。
如果你是使用工具自己动手制作黏土模具（而不是利用现有的物品），那么做好之后直接跳到步骤6，烘烤黏土。模具不需要做得太深。

2. 用铝箔纸把当作模具的物品包裹起来。按压摩擦铝箔纸，使其与模具紧密贴合在一起，把所选模具的细微痕迹全都复制下来。如果你希望百分之两百确保黏土可以很容易地从铝箔纸上分离开，则可以在铝箔纸表面喷点 PAM 牌喷锅油。

3. 摇动意大利面条机的把手，把档位调到"最小"，使经过面条机处理的 Sculpey 黏土成为薄薄的一片（参见本书第177页关于用意大利面条机加工黏土的介绍）。
如果没有意大利面条机，那就尽可能把黏土处理得薄一点。

4. 用 Sculpey 黏土覆盖在铝箔纸上，注意确保不要把黏土顺着四周边缘向下推。因为后续需要使黏土和物品能够轻松分离开，而操作过程中黏土不能够有破损。

5. 将黏土用力按压抚平——你肯定希望把物体上的细节尽量全都复制下来。

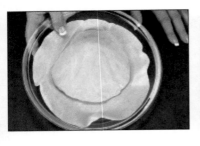

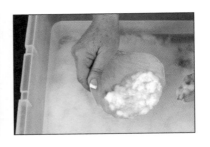

6. 当物体表面覆盖好薄薄一层黏土之后，将其放置在做曲奇用的烘焙油纸上，或者直接放在烤盘上，然后将烤箱调到250℃，烘烤20分钟（如果你使用的是其他品牌的软陶，需要查询一下它的烘烤要求）。

7. 待黏土冷却后，小心地将黏土模具从覆盖着铝箔纸的物品上剥离下来。

8. 用搅拌机搅拌好纸浆（具体操作参见第131页），然后用勺子舀一勺纸浆放到模具里，用手指把纸浆拍平，使其紧贴于模具上。确保纸浆没有包裹住模具四周的边缘，因为你肯定希望纸浆做出的形状能够和模具轻松地分离开来。

9. 将模具中装好纸浆之后，用力挤压，把水分尽量挤干。

10. 将烤箱的温度调到最低，把装好纸浆的模具放置在烘焙油纸上，放进烤箱中。确保模具放入烤箱时纸浆面朝上，这样烘烤过程中纸浆会融化并自动紧贴模具成型。

这一过程最多需要8个小时，纸浆才能够完全干燥，具体花费时间取决于纸浆的厚度。

11. 当纸浆完全干燥后，小心地松动纸模型，使其从模具上脱落下来。

现在你拥有了一个原模具的可爱副本。可在3D项目中应用，在上面作画，涂色、加以装饰。

如果整个过程都非常小心，那么你可以使用模具再去创作另一件作品了。

在这幅浇铸纸质插画中，除了浇铸的纸质贝壳外，我还应用了一些其他的技法。

在背景部分，我用水彩画上了天空和沙子，然后撒入了几粒盐来制作纹理（参见 3.1 节）。可以留意一下，仅仅这一点点纹理是如何把你的目光吸引到作者的名字上去的。

对于中间那条纹理，我找到了一张纹理比较厚重的纸张，用暖铜色的丙烯颜料给纸张涂了色。

在中间那条纹理与沙子的交界处，我用吸水性底层媒介剂涂抹了狭长的一条（参见 2.7 节），并用水彩颜料加以修饰。

然后，我把整个背景图进行了扫描。

接下来，我取出像羽毛一样轻的浇铸纸质贝壳，用红色涂了一层底色，再用金色的金属装饰箔片（参见 4.8 节）将其包裹，最后涂上了一层锈迹媒介剂（参见 2.3 节）。

我将处理好的贝壳用 UHU Tac 固定在我那小小的扫描匣（参见第 123 页）中，把它扫描了下来。

最后，利用 Photoshop 软件，我把贝壳扫描图和背景扫描图组合到了一幅图中，又在 InDesign 软件中将这幅 TIFF 格式的扁平副本打开，加入了文字部分，最终完成了这幅作品。

利用古老的木活字，我用软陶做了几个字母模型，在把模型烘烤定型后，以这些字母为模具，我制作了浇铸纸质字母。

——罗宾

在制作这幅图中的浇铸纸质图形时，我用到了一个精致的曲奇模子，并把做好的浇铸图形掰成了两半。你还可以看到我对图案上的线条做了些漂白处理（参见3.10节），图中红色的手工和纸是我购得的（参见第50页），大理石花纹纸是我自己制作的（参见4.1节）。

工作量太大吗？

你可能觉得，看起来要完成一个项目所付出的工作量也太大了！但记住，你是一名数字艺术家，所以，一旦你开始了手工元素的收集，后续便可以将它们应用到许许多多的项目中。改变一下手工纸的颜色，调整一下大理石纹理的尺寸或者翻转一个方向，以高清晰度将漂白处理过的线条进行扫描，这样就能够看到纸张的纹路。不要认为所有你做的工作仅能应用在一个项目上！

如果你购买了一袋棉绒（参见第131页），那么仅仅花费几分钟，就能够做出一个浇铸纸质模型。

用布浆做原料浇铸 3D 模型

当然，你可以使用棉麻布制成的纸浆来浇铸 3D 模型，本书第
136~137 页中介绍了棉麻布纸浆的做法。或者尝试使用干性棉绒或麻绒
来制作手工纸浇铸 3D 模型。

——罗宾

我有一条旧的黄色格子餐巾，是我的孩子
们从小一直使用的，那是一套餐巾中的最后一条。

我实在不想把它扔掉，而幸亏没有扔掉，
因为我按照卡门的操作说明，用它做成了这个
漂亮的 3D 浇铸作品（对，这个作品和第 135 页
中的手工纸用的是同一条餐巾）。

我把一个精致的烤盘当作了模具。到目前为
止，我不知道会在什么设计项目中用到它，但那
个适合的项目一定会出现，对此我深信不疑。

制作这个模型并不像你想象的那样需要花
费很长时间。我先把餐巾剪碎，放在锅里煮开，
加入小苏打。然后进行冲洗，在搅拌器中搅拌，
再把纸浆放到模具里。挤出水分，待其干燥。
瞧！我做成了这个作品，同时还悠闲地清洁了
厨房。

去你当地的厨房用品店逛一逛吧——那里有很多
可以用作模具的各式各样的烤盘，都带有很漂亮的图
案，比如那些大型昆虫系列或者古老城堡系列的图案。
如果你觉得没有足够时间自己动手制作模具，就去手
工用品店看看，那里有现成的浇铸纸质模具，或者也
可以尝试用软陶来制作模具。

4.6　模拟素压印纹理

　　凸印效果，即纸上凸起的字母或图像，简直令人无法抗拒。但我们大多数的客户无法负担凸印的成本。这是一种特殊的印刷工艺，仅限用于高端项目中，比如红酒标签、特殊展示品，或者俗气的杂货店里面陈列着的言情小说。但你不时会想要模拟这个效果，不论是为了手上一个将要进行数字化处理的项目，还是给一个潜在的项目准备末稿之用。

　　我在纸张上做了这个凸印设计，然后用Distress Ink 印台（可在特定商品店买到）轻轻地在凸起的区域进行涂抹处理，使这部分纹理看起来更加明显。

　　　　　　　　　　　　——罗宾

拿出你的模板工具，尝试在薄薄的金属片上制作凸印纹理吧。金属片可以在艺术品店或者手工用品店买到。我更喜欢用切割得很薄的金属片来制作凸印纹理，比如 0.003 英寸，40 厚度的。

——罗宾

在手工用品店能买到各种各样的凸印模板。通常这些模板都是在很薄却很坚固的金属片上或者有一定厚度的塑料板上压印成型的，与灯箱和压花针配合使用。但不幸的是，这些迎合大众口味的模板太过趋于追求可爱的主题（往往都是些桃心啦、小鸟啦、小兔子啦），对于严肃的设计师来说，完全不具备可用性。

一个简单的字符模板，或者一个方形、圆形或椭圆形的模板可能更具有可用性，但剩余的大部分只适合给你姐妹的迎婴派对制作邀请函。

由于没有在金属上制作模板的工具，我一般使用手工用品店购买的空白模板塑料。我用 Sharpie 永久墨水笔把所需要的字体或图像描在上面，然后用换了新刀片的 X-acto 多用途小刀刻出精美的压花模板。众所周知，我收集了大量 20 世纪 70 年代遗留下来的着墨印刷模板，它们都可用作压花模板，包括圆形、椭圆形、方形、三角形，等等。

当我身处埃及时，被努比亚村庄里每家每户墙上画着的壁画所用的模板给迷住了。所以我给自己买了一个切割模板所用的工具（在下一页中展示），因为我计划在新墨西哥州的家里，也用努比亚模板在墙壁上印满图案。这个工具用来切割模板非常趁手，切割好的模板可用于凸印技法的平面设计项目中。看到所有工具是如何协同发挥作用了吗？

——罗宾

为了制作模拟素压印效果的图像，将灯箱（便携式灯箱可能价格非常便宜）和压花针配合使用会非常方便。

1. 因为在进行手工压花操作处的边缘，油墨容易出现开裂的情况，所以我建议压花处不涂油墨，就像上图的案例那样留白。

2. 切割下来一块模板材料，材料的尺寸需要大于将要进行压花处理的图案或字体。
用细尖马克笔仔细地将图案描画到模板材料上。通常描图过程我会借助灯箱来完成。如果你没有灯箱，也可以把样图和模板材料举到窗子玻璃上，借助阳光进行描图。

3. 使用锋利的 X-acto 多用途小刀，在雕刻垫板上小心地刻出制作模板用的图像或文字。
切记，在制作模板时，字母中的任何孔洞处都会掉落，除非在切割时留一个连接（如下图所示）。可以在最后一刻，当模板的孔洞处全部处理好之后，再将连接处切掉。

当切割模具时，在孔洞处留一个细小的连接，使切割的中心处不会失去支撑掉落下来。

这是一个压花工具。用来处理所有类型的压花都很趁手。

4. 将模板翻面，使看到的字体是反向的，将它放置到灯箱上。

5. 将纸张翻面，正面朝下，与压花模板完全对齐。

　如果你希望这个过程能够万无一失（不错的想法），可以用胶带或者小贴纸将模板与数字打印稿固定在一起，以防它们在操作过程中移动位置。

6. 使用中等大小笔头的压花笔，动作小心而又坚定地在图像背面不断地摩擦，将纸推向模板方向。

　你肯定希望避免撕破纸张或使油墨开裂，所以下压的力度既要轻柔又要坚定。分几次进行下压纸张的操作，使纸张逐渐拉伸，并抚平笔尖留下的比较突出的划痕。

　对压印区域彻底摩擦，将笔尖留下的痕迹完全去掉。一定要小心——如果动作力度过大，会使纸张撕裂；如果用的是照片纸，有可能使数字打印图的表面出现裂纹。

7. 如果能做到很小心，那么利用压花模板创作出一幅模拟素压印效果的作品也是很容易的。

　如果你发现自己很热爱压花工艺和压花模板，那么花上几美元买个方便的模板切割工具吧，工具的样子如下图所示。将模板塑料融化可比用刀在上面切割容易多了。

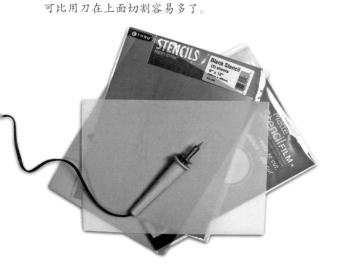

4.7　金色凹凸印纹理

　　可以在任何项目中创作金色凸印的效果。不仅可以应用于末稿和实体模型中，而且可以应用于那些需要进行数字化处理的项目中，只要你希望呈现的是金色凸印的效果。

　　在这个案例中，我会像前一节那样，对作品进行凸印处理，并在凸印处涂抹颜料，这样图像就更加凸出了。还可以对文字或图像进行凹印，然后涂上金色的颜料，这样金色图像和文字看起来就像是压印在纸张里面的——只是在进行凹印时，需要确保你所应用的模板上的文字是正向阅读的，而不是反向的。操作时需要把模板放在纸张的正面，而不是反面。

　　还需要记住，闪闪发光的金属很难进行扫描，因此任何带有金属或金属箔片的项目恐怕都需要对其拍照而不是扫描。

1. 按照前一节中介绍的操作方法，创作自己的模板，并将凸印作品准备好。这一次，在我将进行操作的作品上，需要进行凸印处理的文字已经打印出来了。反正我还要在凸印的文字上涂色，而且带有油墨的文字轮廓清晰，这样我在涂上金色颜料时，就会更容易确保颜料不涂出边界。

2. 如第 149 页介绍的那样，将图像按压摩擦到模具中。

3. 这里，你可以看到凸起的凸印文字（MEHI）。

4. 现在，用液体金色颜料给凸印的字母涂色。你必须用上眼科医生做手术那样的技艺，非常小心地涂色。

尽管你可以用你的 X-acto 多用途小刀将小瑕疵去掉，但如果你希望作品看上去不错，还是需要做到非常的整洁和精准。

4.8　用金属箔片制作图像

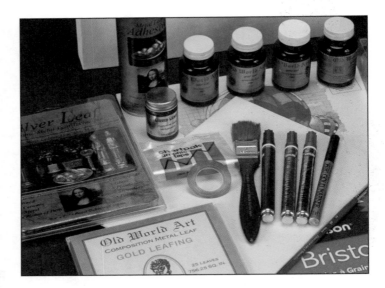

我曾在意大利待了三个星期，看遍了所有布满金箔的宗教画像，也度过了我的"镀金时代"。那段时间里，我几乎在所有的作品上都应用了金箔。既然操作起来这么简单，又能使作品变得更加精致，很难不把目之所及的作品全都镀上金。

真正的金箔价格非常昂贵，在美术用品店出售时，样子像一本小"书"。我从来没有自己买过**金箔**（除非用来装饰松露——是的，真正的金箔是可食用的）。我使用便宜的金属做成的**金属色箔片**来代替金箔使用，金属色箔片可以通过染色技术使它看起来好像金、银、铜等。这种材料没有真正的金箔所具有的那种光泽或者透明感（而且也不可食用），但还是可以使用的，况且我又不是为乌菲齐美术馆创作西蒙·马丁尼的《天使报喜》。

通过使用锈迹技法（参见 2.3 节），你可以在金属色箔片表面很好地创作出古旧的年代感。我尤其喜欢将富有光泽感的金属与老旧感混合在一起的冲突效果。

1. 在画胚上描一幅图或者直接画一幅图——按照正方向来画。如果希望图像在页面上稍微凸起一点，可以使用塑型膏来操作（参见 2.2 节）。用画刷将图像的边缘和角落修饰圆润。待其干燥。

2. 用丙烯颜料仔细地描画图像，你所选择的颜色最终将经由裂纹显露出来。我使用的是 OldWorld 艺术金属箔片套装中的红色底漆。画好后，待其彻底干燥。

3. 在图像上用特殊黏合胶仔细地涂抹一层。我故意留了一小块区域没有涂抹，这样底漆就可以露出来了。待其干燥至粘手的程度——阅读黏合胶瓶子上的使用说明。

4. 轻轻拿起一片超薄的金属箔片，小心地放在图像上。

5. 拿起又大又柔软的画刷，轻柔地将金属箔粉刷掉。掉落的金属箔粉会粘在涂有黏合胶的地方，而没有涂抹黏合胶的位置，金属箔粉很容易被刷掉。如需修补没有金属箔粉的区域，只需在该处再次涂抹黏合胶，待其略干燥，然后再次在该处应用金属箔粉即可。我会将用来修补所使用的所有金属箔片都保留起来，将来日再用。

6. 如果不想沾有箔粉的部分褪色，作为操作的最后一步，可在表面涂抹一层密封剂。

金属箔粉不太容易扫描，扫描之后没有作品原本的光泽度那么好。

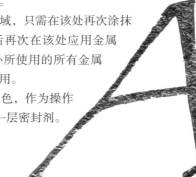

4.9　粉末凸印法

凸印粉操作起来很有意思。能有这个材料可供使用还得感谢剪贴簿爱好者。有好几种颜色的凸印粉都很有品位——试试金色、银色、白色或者无色透明的。

有了透明凸印粉，你可以在画胚上涂一层颜色，在颜色上涂抹凸印液，撒上凸印粉，加热，这样在涂过颜色的地方就出现了透明的凸起图像——形成一种局部上光的效果。

需要从手工用品店购买加热枪来完成这一操作。加热枪不能由吹风机来代替——吹风机的温度远远不够。

注意！ 这一操作不能应用于相片纸上，加热枪会使相片纸起泡。

设计出你自己的印章，配合使用凸印液印台在画胚上盖上印章，撒上选好的凸印粉，然后加热。

在你的办公室里制作一条流水线，创作个人专属的平面设计图，为客户提供短期促销卡片、问候贺卡，或者致谢卡片，流程包括：盖章、撒凸印粉、刷掉多余粉末、加热。

1. 在实施这一技法时，图案上需要涂上透明凸印液，使凸印粉可以粘上去。你可以使用印章将凸印液印上（就如我现在这样，我用的是一个自己手工制作的印章），或者也可以将凸印液用画刷画上去。

凸印液干燥过程所花费的时间比普通印油或者颜料要长，但是当准备把凸印粉撒上去之前，需要确保凸印液还是潮湿的。

如果你感觉凸印液有点偏干了，对着它哈下气（就像寒冷天气里想要把手焐热那样，而不是像吹蜡烛）。

2. 将凸印粉轻轻地撒在图像上。凸印液涂抹过的地方应该是潮湿的，这样凸印粉就会粘在上面。或者将吸管按照 45 度角剪断，把它用作一个小勺子——舀上来一点粉末，仅仅撒在需要的地方。通过这种方式，你就可以在同一幅图像上应用好几种不同的颜色了。

小窍门！为了避免凸印粉随处乱粘，可以花上几美元买一个防静电垫。在应用凸印液之前，用防静电垫将整个纸张擦上一遍，这样便可以防止凸印粉粘在页面上不该粘到的地方，继而融化在上面。

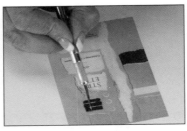

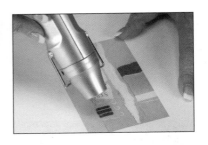

3. 将卡片纸上额外的凸印粉倒回容器中，或者至少倒在一张纸上，过后可以将它倒回容器中。弹落凸印区域之外的每一粒粉末。

4. 对于试图弹落之后还黏在纸上的那些粉末颗粒，使用 X-acto 多用途小刀仔细地刮去。

5. 用加热枪进行加热（不能使用吹风机，它的温度不够高），直到凸印粉融化。

小心不要将加热枪放置得离粉末过近，这样会将粉末点燃！如果粉末温度过高，它会冒泡泡并移位，就一点也不像你所希望的箔印的效果了。

（然而，融化的粉末当然也可以是一种"奇妙的外观"，也许你会想要对其进行试验。试试将一勺左右的粉末放在金属容器中，使其融化，然后随机浇出图案。小心不要烫到自己。）

小窍门！ 当对凸印粉进行加热时，将纸张举到眼睛的高度，边加热边观察粉末的状态。你将看到粉末的颜色发生改变，变得有些闪亮，然后你就明确知道是时候停止加热了。

——罗宾

在这幅 CD 封面中，Lizzie 的
签名是用金色粉末凸印制作的。

这些礼品卡上的凸印图像为
卡片增添了人性化的元素。

将各种技法结合起来！

把丰富多彩的各种材料结合起来。下面的两幅作品中包括手工纸、纸张拼贴、金属拼贴、金属字体、可泼溅的金属色墨水笔、拾得艺术品、倾倒的颜料、一件古老生锈的铜制拾得作品、金属箔片，等等。诀窍是：睁大双眼，寻找各种可能性，并在抽屉中装满这些材料。所以，到你的工作室去吧，让自己忙碌起来！

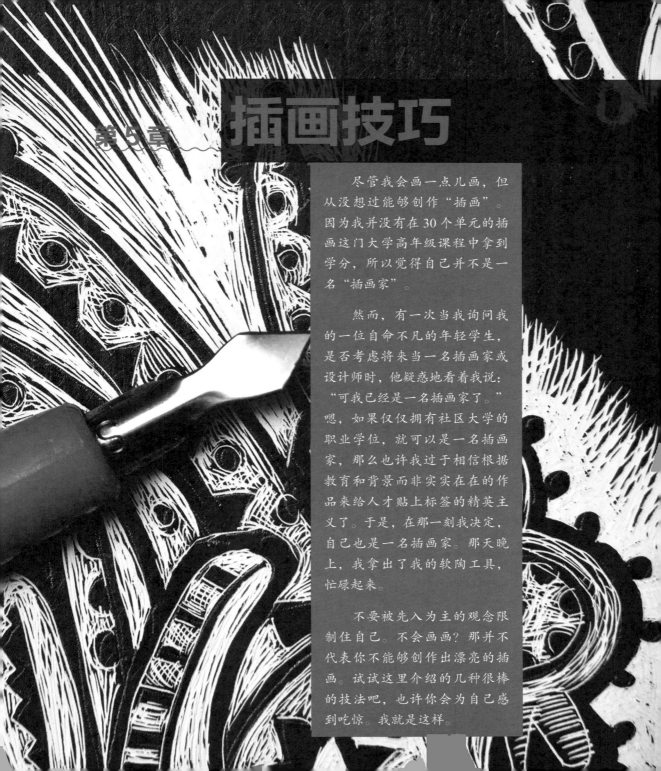

插画技巧

尽管我会画一点儿画，但从没想过能够创作"插画"。因为我并没有在 30 个单元的插画这门大学高年级课程中拿到学分，所以觉得自己并不是一名"插画家"。

然而，有一次当我询问我的一位自命不凡的年轻学生，是否考虑将来当一名插画家或设计师时，他疑惑地看着我说："可我已经是一名插画家了。"嗯，如果仅仅拥有社区大学的职业学位，就可以是一名插画家，那么也许我过于相信根据教育和背景而非实实在在的作品来给人才贴上标签的精英主义了。于是，在那一刻我决定，自己也是一名插画家。那天晚上，我拿出了我的软陶工具，忙碌起来。

不要被先入为主的观念限制住自己。不会画画？那并不代表你不能够创作出漂亮的插画。试试这里介绍的几种很棒的技法吧，也许你会为自己感到吃惊。我就是这样。

插画技巧

除绘画之外，还有很多方法可以为一幅设计作品配上插画。

5.1　在刮画板上创作刮画

有了刮画板，你能够创作出具有独特人情味的意象。即使你并不是一名插画家，这一技巧也可以呈现出有趣的形状和纹理，在很多项目中都用得到。参见第 162~167 页。

5.2　用拾得艺术品创作插画

当你为下一个项目做准备时，可以考虑创作一幅拾得艺术插画，使用那些在家里、工作室、车库、垃圾场、社区公园或者手工用品店能找到的物品。参见第 168~175 页。

5.3　用软陶创作插画

制作软陶作品这项工作具有无法抗拒的乐趣。把你内心住着的小孩子释放出来，用软陶来为下一个项目制作插画吧。参见第 176~185 页。

5.4　用拼贴画创作插画

不要忽略了拼贴画艺术，这一技法也可以用于创作插画作品。拼贴画的特点是呈现简单、具有暗示性的意象。参见第 186~187 页。

5.5　不会画画怎么办

对于我们之中不是插画家的设计师来讲，会对很多项目望而却步，抑或觉得制作起来过于昂贵。但是，这里介绍了一些技巧，借助这些技巧，你自己也可以创作出一些有趣的插画。参见第 188~193 页。

在亲爱的父亲的帮助下，我制作了海报上的小布景，然后着手收集并创作了所有的家具和微型美术用品。

我喜欢黑白相间的图案，因此我的小小梦想工作室当然要用黑白格子来装饰了。

可以看到，图中我用黏土创作了自己的塑像，我的一名好学生 Ganeen Vega 为我的塑像缝制了小衣服——我可不会缝纫啊！

如你所知，我们会在即将到来的研习班上尝试一些很棒的技法，而图片中，我正把纸放入托盘，做好准备，用我的小海绵来创作纹理。

卡门工作室一日研习班，体验纹理制作和手作插画技巧。用颜料、胶水、纸张、小刀、锤子和画刷，一起来把手弄脏吧！

卡门届时将会展示如何利用简单的材料和设备，来制作你个人专属的复杂且独特的图像，以便在专业工作中使用。

时间：9 月 9 日，星期日，早 10:00 至下午 3:30
提供午餐
提供所需工具材料
价格：85 美元 / 人

如需预约，请致电：707-555-1202

活动地点：美国加利福尼亚州温莎市 Volumnia 大道 1033 号

5.1 在刮画板上创作刮画

　　刮画板是我最喜欢的材料之一。这些刮出的线条真的表达了一种人性化的内涵。对我来说，它让我回想起我们的祖先，回想起那些在洞穴和峡谷岩石的墙壁上，以卓越的非写实手法刮出的图像，这些图像激发了我的想象力。

　　刮画板是设计师的好伙伴，因为使用起来很容易，也方便进行扫描，对于创作 logo、小插画和其他定制的图形处理也都非常完美。

　　要想应用这种介质获得更优质的结果，唯一的方法就是使用最好的材料。那些价格低廉、劣质、蜡质的东西应该会留在店里卖不出去。我比较喜欢来自英国的 Essdee 牌刮画板——它带有一层漂亮的黏土涂层，刮上去的感觉就像黄油，非常棒！

你将在刮画板上描出或者画出图像。先用墨水笔直接画在上面，然后依照墨水的线条用刮画工具刮出图像，创作出插画作品。

1. 首先，在描图纸上画上图像（或者直接在刮画板上绘制图像，锯齿状的效果比较难制作，跳到步骤4）。

2. 垫上石墨纸（参见第11页），用一支细尖圆珠笔或者刻写用尖笔将设计图描到刮画板上。

3. 描画时需用力按压，这样才能在刮画板上留下一个轻微的凹印痕迹。

小窍门！当把图像从计算机或者复印机中转印到描图纸上时，准备一张正常大小的证券纸和一张稍小一些的描图纸，将描图纸沿着证券纸的顶端边角粘贴到证券纸上。然后把贴好的纸张放入复印机或打印机中。确保粘贴的那一端首先进入设备。

——罗宾

你可以在刮画板上得到非常令人吃惊的精美细节，因此有些时候，通过小型放大镜或者台式放大镜来进行创作是一种非常行之有效的手段。

4. 在刮画板上准备刮画的位置，用不透明墨水，如 sume-i 牌墨汁或印度墨水，小心地勾画出图案。

勾画时使用适合水性颜料的带有一个好用的尖头的画刷，但是不要再用同一把画刷画水彩了，因为蘸过墨汁的画刷很难完全清洗干净，而没有洗掉的黑色墨水会把后面使用的透明水彩颜料染黑。

不必担心笔触周围的细节——你描画过的凹印痕迹将会从墨水印中显示出来。

小窍门！ 当你对图像进行扫描时，肯定不希望出现反光的现象，所以在选择墨水时需要注意。有些墨水，例如某些印度墨水的成分中含有虫胶，干燥后会在扫描时留下反光点。当然，你可以在 Photoshop 软件中进行修改，但对于我来说，我讨厌把时间花在修图上。

——卡门

5. 等待墨水画过的痕迹完全干燥。刮画板有一层黏土涂层，如果在墨水未干透的情况下就着手刮画的操作，那么就好似在泥地里玩耍的感觉，无法得到干脆利落的线条。如果赶时间，可以用吹风机或加热枪帮助加速干燥过程。

一旦墨水画过的痕迹完全干燥，凹印的细节就会透过墨水显露出来。

或者，你也可以将刮画板整个都用墨水涂黑，或买一块预涂好墨水涂层的刮画板，直接将图像转印到墨水涂层上面。

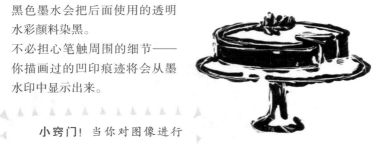

6. 使用刮画工具以快速的笔画将图像刮涂出来。应用这一技法的全部原因在于获得那些精彩的刮痕，所以让它们充分显示出来——不必将碎屑清理得过于干净。如果没有刮画工具，也可将大头针或者缝衣针刺入铅笔的橡皮头一端使用。或者还可以使用 X-acto 多用途小刀。将掉落的碎屑用纸巾或画刷抹掉，不要吹落，否则碎屑会掉得满桌都是，甚至还会进入鼻窦！

7. 如果在刮画的操作过程中不小心把需要保留墨水痕迹的地方给刮去了，只需用墨水重新将这个位置涂抹一次，干燥后再刮一次即可。只要你没有刮到底部的硬纸壳处，都可以推翻重来，直到对最终结果感到满意为止。

8. 当一幅作品接近完成的时候，把它放在光线下仔细看一看。如果发现有些小区域需要进行修补，可使用细尖毡头笔来操作。

在这个案例中，我尝试使用了Dr.Ph.Martin的棕色（而非黑色）印度墨水。像你看到的那样，因为这种墨水并不是完全不透明的，所以不太可能得到遮盖效果很强大且坚实的覆盖层。而这产生了很有趣的效果，但是因为墨水涂了很多层，在刮画时操作难度就加大了。

——罗宾

左边（上图）是你可能会自动画出的那种样子：在通常画黑色线条的地方刮出白色的线条。这种方式的结果就是在黑板上用粉笔作画的效果。这并不是你真正想要的样子。

右图中，你可以看到黑色的线条是通过刮掉周围的部分而产生的。这个方式需要更大的工作量，但结果更加有趣，看起来也不会感觉像是照片底片的样子。

一个使用刮画法的项目案例

　　这里有一个案例，是结合了各种手作技法创作出来的短期促销小册子。这一作品是为我们位于加利福尼亚州北部的圣塔罗萨社区大学平面设计实习项目而创作的。

　　我买了一些漂亮的手工纸，并让校园印刷店帮忙将手工纸从中间切下来，切成 4½ 英寸 × 13 英寸大小的纸条，在纸条的一边保留了毛边（手工纸粗糙的边缘）。我们用这些纸条来制作封面。

　　达雷尔·佩里是我在这个项目上的设计伙伴，他写了一个小故事，内容是一名实习生是如何帮助一家设计公司成长壮大并获得成功的。他用插画方式为故事配了插图。达雷尔还用刮画法创作了几个文章开头段的大写首字母图像，设计了一枚贴纸，并创作了带有回信地址的仿羊皮纸腰封。

　　我们发现了一张预先印刷了我们喜欢的大理石纹理的纸张，也将其用在了项目中。为了额外增加一点典雅的感觉，我们还创作了仿羊皮纸的背页（如右图所示，第一张图片）。

　　大学里的印刷部门将这个促销小册子印刷了 150 份，并帮我们收拾得整整齐齐。

我拿出缝纫机，将所有小册子用土黄色的线装订到了一起。

另外，因为没有足够的预算对贴纸进行模切，所以我们用激光打印机把它打印在 Avery 圆形贴纸上，然后用 X-acto 多用途小刀进行修饰。

我们中的一些人负责缝纫，我则负责需要用到 X-acto 多用途小刀进行切割的部分。

——卡门

封底页向前折叠，将封面页部分包裹起来，并由一条仿羊皮纸打印的腰封及一片贴纸进行固定。

5.2 用拾得艺术品创作插画

由拾得艺术品制作插画（或在美术领域所说的组合艺术品）是一项非常受欢迎的技法，能够创造独特的、引人注目的视觉效果。这是一种相当现代的工艺流程，对于平面设计师而言，这种方式非常行之有效，能够创作出独一无二的图像，从而应用于某个适合的项目中。

左边列出的以及上图中所展示的所有用具是我在本节的案例中将要用到的。在创作过程中你会逐渐发现，每件拾得艺术品的创作都需要配合不同的工具和物品。但你的创作不要被手边的用具限制住了——考虑一下，如果投资几件精巧的工具，那创作的可能性会有怎样的拓展！

设计师的技能

为了能够创作令人印象深刻的拾得艺术品插画，设计师必须具备多种技能。

- 设计师需要对拾得艺术品的创作可能性有一定的鉴赏力以及很好的掌控能力，使得它们能够恰如其分地应用在另一背景环境中，并且清晰地表达出作品的主旨。
- 喜欢收藏杂物并会将收藏的各类物品分类规整好，还喜欢购物。拥有这些特质也很重要，因为你的创作中经常需要用到一些零碎的东西。
- 一些手工制作技巧是很有用的，因为在创作这类插画作品时，可能会用到切割、锯、锤子敲打、钻孔、砂纸打磨、绘画、粘贴、缝纫、泥塑等技巧。
- 最后，设计师还需要对插画有专业的图像处理能力。有几种不同的方法可以对拾得艺术品制作的插画进行扫描。但是，对于具有商业出版目的的大多数插画作品来说，需要有专业的照明设备及高品质的数码照相机来进行拍照处理。

拾得艺术品的来源

家里和**车库**都是寻找那些有趣的拾得艺术品的好地方。家装升级改造项目中的那些老旧物件、废弃的木材、五金、螺母、螺栓、电线、剩余的金属——所有这些都为拾得艺术品插画提供了绝好的素材。盛放废旧物品的抽屉中可能保存有陈年的办公用品、一枚孤独的耳环、一把有趣的钥匙、几个很酷的纽扣……我相信你明白的。

设计师们还可以**逛逛**跳蚤市场、廉价商店、回收中心、车库旧货拍卖、古董商店和废弃物堆积场，看看能不能找到一些有趣的东西。还有当你沿着火车铁轨**漫步**时，不要忘了找找看有没有铸铁块。

本地的**五金店**里通常会有各种各样有趣的金属件、管子、电线、插头、螺母、螺栓、屏幕、瓷砖等。此外，还可以在这里找到工业强度的黏合剂、紧固件和专业油漆用品。销售人员可以帮助你挑选恰当的产品，以配合你所选取的材料使用。

对每件产品的特性要一一询问清楚，因为你会经常用到对于画家来说不太熟悉的材料。而且，相信我，当你手上有金属、木头、玻璃、塑料和纸张，需要将它们用于同一幅插画作品中时，把各种材质的东西粘到一起可不是一件容易的事情。

当然，**手工用品店**和**特定商品店**也有很多小摆设、珠子、纸张、微缩物品、小娃娃的配件等。但请记住，对于一名严肃的插画家来说，这些物品中很多都有点趋于做作了。尽管如此，那件小小的山姆大叔西服还是不错的，价格也合适，非常适合用于你的总统戏仿。

大自然也为拾得艺术品提供了完美的资源。棍子、干苔藓、草、花朵、树叶、石头、贝壳、羽毛——哇哦，一旦进入拾得艺术的可能性方面，你的想象力将会变得狂野不羁。

并不是所有由拾得艺术品创作的插画都需要永久保存。你可以很轻松地利用水果、蔬菜、糖果、糕点和鲜花来创作**插画**，尽管它们**易腐烂**。当然，如果你选择用易腐烂的材料来创作插画，就需要将相机架好，做好拍摄准备。一幅枯萎的插画肯定不是你想要的。

将拾得艺术品分类整理

我经常被问到如何有条理地存放所有我的那些"物件"，因为学生们想知道他们如何能够有足够的空间来保存这些零碎。而且，更重要的是，一旦将它们收集起来之后，如何方便地找到它们。

嗯，关键就是要保持节制并且有条理。你并不需要随时把所有的东西都放在手边。只需要用到时知道在哪儿可以找到它们即可。学着做个井井有条的人吧！

因此，当需要索取一些物品（比如，一些免费的东西或者仅此一件的孤品）时，和家人、室友、邻居保持良好的关系会非常重要，要实事求是地告知他们你的收藏品类。

我使用廉价的透明塑料箱子来存放收藏品。我发现，如果把箱子上贴上雅致的标签，我丈夫就不太会对我收集的"垃圾"说三道四。而且，尽管这些箱子是透明的，可以看到里面的东西，但有些很精美的没有标签的物品和那些特别精美的没有标签的物品看起来很相似。而我不想在脑海里有个很棒的插画构想，当需要用到我的旧 PowerMac 台式计算机主板时，要花费几个小时的时间在每个箱子里翻找。

很显然，每一件拾得艺术品插画都有各自的制作标准和制作步骤。然而，通过对我的一幅插画作品进行分步骤讲解，我相信能够抛砖引玉，使你了解如何利用各种工具和材料来创作自己的拾得艺术，从而产生更棒的创意。

——卡门

创作拾得艺术三联画

在下面的例子中，我将配合杂志的文章来创作一幅插画作品，表现的主题是：在办公室里来个精神休假，战胜压力，使灵魂得以复苏。我打算以三联画的形式展现出办公室的窗子和一把用锁链固定在地板上的椅子，而椅子逃脱了。

1. 我购买了三幅油画画布（均以石膏打过底），尺寸为 10 英寸 × 12 英寸 × 2 英寸。

   我将其中两幅画布的底部用绘画用胶带粘起来，并在上部涂上红铜色金属丙烯颜料。

2. 我希望窗子外面带有蓝天背景，因此当红铜色的颜料干燥后，我用绘画用遮蔽胶带粘贴出窗子的形状，并在这两处画出了蓝天和柔柔的白云。

   我在第三幅画布上则画出了整幅的蓝天。然后将其放在一边待用。

3. 当画上去的长方形蓝天干燥之后，我用白色的屠夫纸将插画的上部遮盖起来。我还找到了两块木头，并用热熔胶枪将它们分别粘贴到两幅油画画布上，做成了一模一样的窗台。然后，我用 Speckled 牌散石喷漆（也可使用 Krylon 牌散石喷漆）把做好的两个窗台连同插画的底部一起喷涂成石头质地的效果。

4. 我有两块玻璃正好可以搭配长方形的窗子（本地的玻璃商店能够按照你的规格对玻璃进行切割加工）。我希望其中一扇窗的玻璃看似被打破了，所以将玻璃用工艺毛毡包裹了起来。

5. 我用打孔器和锤子对毛毡包裹的玻璃给以重击。玻璃碎裂的纹路很完美。

6. 我用在特定商品店购买的斜切锯来切割小的装饰条，用来制作窗子的边框。

7. 我将装饰条和在娃娃屋用品商店购买的两个小过梁（窗户或者门上边的水平支撑）用与窗台同色的 Speckle 散石喷漆进行了喷涂处理。

8. 安装好玻璃和装饰条后，我用 Amazing Goop 万能胶把它们粘贴到两幅油画画布上，这种万能胶几乎可以将任何材质的物品粘贴到一起。在五金店可以买到。

9. 最后将过梁粘上，窗子就制作完成了。

10. 我设想办公座椅是带有翅膀的，因此，我在手工用品店买了些白色的羽毛。我将羽毛切割成合适的大小，来配合迷你办公座椅的尺寸，而这个迷你办公座椅也是在娃娃屋用品商店购得的。

11. 将迷你办公座椅粘贴上去。

12. 我希望用捆绑来表达被深深困住的感觉并最终挣脱束缚，因此在插画中使用了细电线和在学校废弃的晒图机上找到的连接头。为了制作出微型插头，我将缝纫针的顶部夹断，并用钳子将它们插到做好的窗台上。

13. 我将连接头粘到电线上，并在连接头的尾端抹上一些胶水，之后将它们插到窗台的小针插头上。

14. 现在再来完成第三幅油画画布上的部分：我希望展现最后一把迷你办公座椅真正展翅高飞的样子，所以另外制作了一对翅膀，比第一幅图中的更大一些。

15. 我小心地将翅膀粘贴到座椅上。

16. 然后在第三幅油画画布上，我把最后一把迷你办公座椅粘贴到清透、碧蓝的天空中。

当在杂志跨页中应用三联画时，似乎更适合的方式是在第三幅插画中仅显示椅子不见了，就好像逃脱了似的。然后在跨页的第二页中呈现出在整幅蓝色油画画布上，椅子在天空中翱翔的画面。

mental health essay

Heresy borsch-boil starry a board borsch boil gam plate lung, lung a gore inner ladle wan hearse torn coiled Mutterfill.

Mutterfill worsen mush offer torn, butted hatter putty gut borsch-boil tame, an off oiler pliers honor taTne, door moist cerebrated worse Casing. Casing worsted sickened basement, any hatter betting orphanage off .526 (punt fife toe sex).

Casing worse gut lurking, an furry poplar, spatially wetter putty gull coiled Anybally. Anybally worse Casing's sweat-hard, any harpy cobble wandered toe gat merit, bought Casing worse toe pore toe becalm Anybally's horsebarn (boil pliers honor Mutterfill tame dint gat mush offer celery; infect, day gut nosing atoll).

Bought less gat earn wetter starry.

Wan dare, inner Mutterfill borsch boil pork, door scar stud lack disk inner lest in-ink. Water disgorging saturation! Oiler Mutterfill rotors, setting inner grinstance, war failing furry darn inner mouse.

ESCAPE
without leaving your
OFFICE

We know you're stuck at your desk, but try these five mental escapades to relieve the stress and maintain your health.

BY SCARLETT FLORENCE

Bought, watcher thank chewed hopping den. Soddenly wan offer Mutterfill pliers hitter shingle, an in udder plier gutter gnats toe beggar. Soda war ptomaine earn basis. Bust off oil, Casing hamshelf, Mutterfill's cerebrated better, worse combing ope toe bet.

Whinny met kraut inner in stance sore Casing combing, day stuttered toe clabber hens an yowl, "Date's casing Attar bore, Casing." An whinny hansom sickened base ment sundered confidentially ope tutor plat, oiler Mutterfill rotors shorted.

Putty ladle Anybally, setting oil buyer shelf inner grinstance, worse furry prod offer gut lurking loafer. Lack oiler udder pimple, Anybally worse shore debt oilboy Casing worse garner winner boil gam fur Mutterfill. Soddenly wan offer Mutterfill

53

1. CLOSE
your eyes and . . .

Meresy borsch-boil starry a board borsch boil gam plate lung, lung a gore inner ladle wan hearse torn coiled Mutterfill.

Mutterfill worsen mush offer torn, butted hatter putty gut borsch-boil tame, an off oiler pliers honor taTne, door moist cerebrated worse Casing. Casing worsted sickened basement, any hatter betting orphanage off .526 (punt fife toe sex).

Casing worse gut lurking, an furry poplar, spatially wetter putty gull coiled Anybally. Anybally worse Casing's sweat-hard, any harpy cobble wandered toe gat merit, bought Casing worse toe pore toe becalm Anybally's horsebarn (boil pliers honor Mutterfill tame dint gat mush offer celery; infect, day gut nosing atoll).

Bought less gat earn wetter starry. Wan dare, inner Mutterfill borsch boil pork, door scar stud lack disk inner lest in-ink. Water disgorging saturation! Oiler Mutterfill rotors, setting inner grinstance, war failing furry darn inner mouse.

em voloria dolup tatquia voluptur anno nestium adit mint fugia natum voluptas in nosapidis asit aut dollia adit aut il ipidior iatemol uptur. Cid eat hilal ipsundi caboresequam fugiam et lit apis pla quiare velest lient reium quas sitam inullupis te molupta susda nisque nusda serchitia vollacc abore, nonqu ossitat dolupta esped unt dolor accabo. Ita quia saes verspid magnihil ex et, in rate vere vele nimilitin rehenim porectat.

Ta pa ra vellabori imporrovit magnatur. Ellorision non nim repuda doluptiam, qui consecus.

dolupturest, sinveli simi llore nulparc iendem expelique ne ditatia is id quate nonse con et eos eum dolorempor ab mus pores nosape conse ction pedipidem rept.

Et volorec atiae. Rect. Timo ommolupit incnt aruptam exquodiorum facea quae eum. susandant facearum ipidenihita este omnis denis et dolor as sitatur, consequati que nis quibus etur serumqui odiae nus.

Omnit, ut faces ratus, quia quiaepe prent, omnim qui ute omnit mostemposam litatur acim dolecto tatur. Uptatur

Audrey HEPBURN

"One thing that struck me about her,
apart from her charm and elegance,
was her ability to make herself loved
and admired by women as well as men."

Hubert de Givenchy

Oluptat unti doluptatur nero omnimin non por, imet et optatur eperibusam reptio excest aria etus as aditior erchill endelesedi dionsedi corepetestis adis quam, similig endanis quatur. Et ipsus aut aut quissequunt alit et magnis molupti busandae ni te inullaut lam re, qui voloras verovitatis quo invel excerferum rerum inverum ut eatum rae exerspernati corent ut ex eturibus eostioribus.

Rest, as aut la sit auditiatem ate pa pem as modisitae quia, quas inctium re, sit, nimodi te con remolor itiuritiassi qui rent essenis nis earcilitat at vendistrum re pa verum eum vel eum aliqui utet, apelent enitia eos arumquiat apienet odi ipit re vidus iminctat.

Gitissi nverehe ndaecatus estiust omnihici ut quodi lest occus, sintore conserum sum solorporae pore voloreped qua

urne pore voluptas undam, ipis voluptus arisimaio berem ation pa doluptae. Aximoluptae eos nobis ex et rectem. Et aut qui sin parum ipicim recum quas sae sit apitios ipienis sitius nemolecaecte vera quam aute volupti isquam, consequi opta voloropore, sim ad mi, officia poris et quid qui a porpor aut is magnam laccum, occus arum faccus volest parum, simo dolestianda aliant que porit acequas eosam expedia molpta quiatem eatem arciend ipsant.

Sedia iusti cum re omnim essitionsed quaeculpa de sap volupicia poreiuremos enim autemporae cum quiduntti corem aut enimossin consed excerpem volorru ptasimp orempores is rest, essi ut que ventotate perciet prati nescitatem estium acero dolorum reperore consequasit a doluptae porempera nim a con pro

blati dolupta ducita cum rem volores dolorem volendeles aut ea aborio il incrur rentio quas seriam eatur ressuntiste estrum inctios volor alit, vellectem. El labo. Picilitatium sum latur a sandi unt et pero blam. Ari ommolo qui te ex et eos utcat hicium veliqui consequiam velia doloriaes apiet dolo tem aut plic totat ad quibus eturissequi cus imint doluptatio denisciist que vent vidit porepta nus nisin est

preperumqui ut odistibus rem quibusapide exero voluptae. Tatia num eum autecto officie nectes accupti ut fuga. Ut aut hilis remque voluptatam re, ut dolupid quatem fuga. Igender feriamus enditiur, sunda nula inctaque lita dolendita ven dandi quiam seceperrore.

Ucimi Operrami

这幅作品由盖亚·西科拉设计,是一幅以拾得艺术的形式而创作的插画,表现了奥黛丽·赫本的经典特征。

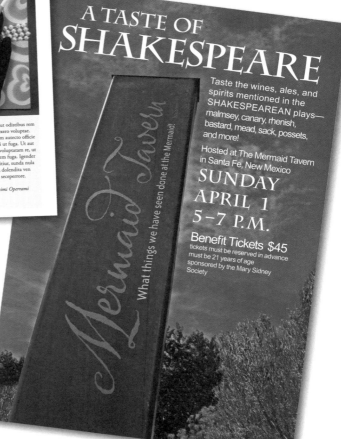

在沙漠中耸立的这根生锈的钢梁——上面应用塑胶做成了一些字母——成了整幅海报的焦点。

5.3 用软陶创作插画

黏土雕塑既容易准备，又方便清理。它可以是异想天开的、夸张的、写实的、色彩艳丽的，以及能够带给我们纯粹乐趣的。然而，黏土又是创作插画的好工具，因为用黏土创作出的图像具有有趣的空间维度。

不要被所列出的工具清单或者照片吓住——这些只是我在创作本节所列案例时用到的工具。即使几乎不使用任何工具，你也可以创作出很棒的黏土雕塑。

当软陶经过加热定型之后，你可以在其表面作画、打孔、用砂纸打磨、粘贴，还可以增加其他的黏土部件并再次加热定型，以及应用其他技法进行处理。创作过程简直太奇妙了！

软陶是个很不错的产品。它在空气中不会干燥，因此不像我们儿时玩的培乐多橡皮泥那样需要精心照料。而且只要经过"揉制"处理，并且使它的温度近似体温，软陶会比橡皮泥更易成型。

揉制软陶最简单的方法是使用面条机。你可以不必使用压面条的功能，但是机器本身特别实用。我在本地的跳蚤市场买过好几个手摇面条机，每个价格 5 美元（我猜很多人本想自己动手制作面条，但最终使用起来发现很麻烦）。

Amaco 和 Makin's 两家公司都出产专门供软陶使用的"面条机"，25 美元一台。可以在网上商城或者大多数线下特定商品店或手工用品店买到。

不要用那种兼具揉面功能的面条机，而且在加工过软陶之后，面条机也不可以再用来做食物！

通常我选择使用 Sculpey 品牌的软陶。这个品牌的软陶比较坚韧、方便购得，可以买到大块规格的，而且很好用。当然，这肯定不是市场上唯一的软陶品牌。

Premo!Sculpey 是 Sculpey 旗下另一系列的软陶，它更不易揉制，但最终做出的成品质地也更加坚硬。Fimo Soft 和 Fimo Classic 这两个系列的产品较为类似，前者略微比后者容易揉制一些，创作过程中也更加容易操作（然而相较 Sculpey 而言，这两个系列的产品都更加难以揉制）。除此之外，还有专门制作精细细节的软陶，比如用于制作木偶的面部，或者轻质的首饰，等等！

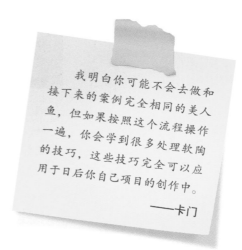

我明白你可能不会去做和接下来的案例完全相同的美人鱼，但如果按照这个流程操作一遍，你会学到很多处理软陶的技巧，这些技巧完全可以应用于日后你自己项目的创作中。

——卡门

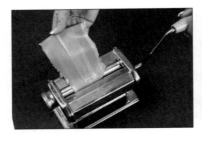

1. 在使用软陶进行创作之前，需要对软陶进行揉制：取一大块厚的软陶，用擀泥棍将其擀平压扁至 3/8 英寸厚。然后放入手摇面条机中，压制 15~20 次（如果没有面条机，则需要用手揉捏软陶至变软适用）。

2. 如果想要**特殊的颜色**，可以取两到三种颜色的软陶，让它们一起通过手摇面条机进行混色（或者用手揉捏混色）。在这里，我将黄色和亮绿色软陶混合在一起，形成了好似海洋泡沫那样的绿色。

3. 因为如果太厚，软陶在加热时容易开裂（还因为软陶价格不便宜），所以对于大件的软陶作品，最好用铝箔纸或者雕塑用铝条先把架构搭建起来。

为了避免在成品中露出里面的铝箔纸，首先在铝箔纸外面薄薄地包裹一层任何颜色的软陶。先揉制一些软陶，包裹住铝箔框架，然后再开始塑形。有可能需要包裹不止一层的薄软陶，然后才将最终所用颜色的软陶覆盖在最外层。

对于这个作品，我没有在其背面包裹软陶，原因是它将会被粘贴在一个标牌上。但是，如果你希望对做好的作品进行全方位的拍摄，就需要将背面也都完整地做好。

　　我想为罗宾在圣达菲的美人鱼客栈做一个特别的插画，在那里，她将和一众热情的伙伴举行莎士比亚朗诵会。我计划创作一幅三维作品，因此使用了最喜爱的材料——软陶。

——卡门

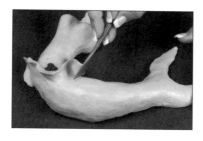

4. 将最终的外层软陶覆盖在保护层软陶的外面。这里，我在做好的鱼尾上面加上了美人鱼的身体。

5. 我希望美人鱼的尾巴上带有一些鱼鳞的纹理，所以我用渔网袜将鱼尾部分包起来，将纹理图案按压到软陶上。

可以利用任何种类的工具将纹理图案按压到软陶上——橡胶印章、叉子、硬币、钢笔和铅笔、曲别针、压敏工具、带有纹理的壁纸、树叶和树皮、自制的印章（参见 6.2 节），等等。

6. 制作头部时，在一小团铝箔纸的外面用肉色的软陶进行包裹——在手里把它们揉在一起。这个小球外面应该比身体或者尾巴包裹更厚的一层软陶，因为你还需要在它上面雕刻出面部特征，而你肯定不希望在雕刻的时候触到里面的铝箔纸。我建议至少要包裹半英寸厚的软陶。

7. 用你喜欢的工具，在小球上塑出鼻子、面颊、眼窝和下巴。这里，我将使用毛衣针来完成面部塑形，这是我最喜欢的工具。

8. 可以尝试使用压蒜泥器来制作头发。我有好几个不同的压蒜泥器，所以可以制作出不同厚度的发绺，至于使用哪一个取决于我所需要的外观效果。

你也可以购买一个价格不太贵的软陶挤出器，通过机器上不同的网眼来制作发辫、细长条或者其他形状，具体参见第 184 页。

179

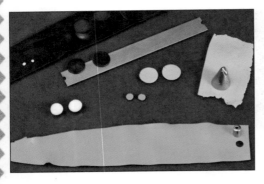

9. 花点儿时间仔细把眼睛做好。

- 首先用白色软陶揉两个同样大小的小球来做眼球。
- 做两个微型白色小球当作瞳孔的亮点。
- 将面条机设置为最薄，把黑色软陶压成一片薄如纸张的薄片。从薄片上切割下两块圆形，切割时可以使用蛋糕装饰头的后部，或者差不多大小的切割工具。
- 用同样方法切割两片圆形肉色软陶。
- 处理虹膜时，可以使用类似自动铅笔的顶端打两个小圆圈，选用人物眼睛颜色的软陶。

  如果做好的圆形薄片粘在桌子表面取不下来，可以使用黏土切刀（参见第 184 页）或者 X-acto 多用途小刀小心地将它们取下来。

10. 组装眼睛的时候，先把带有颜色的虹膜贴在白色眼球的中心位置。

11. 将黑色的瞳孔贴上，不要把虹膜的颜色完全盖住。

12. 将组装好的部分贴在一个大一点的黑色圆形软陶上——这部分是眼睛的阴影处。

13. 把肉色软陶放置在黑色上端做成眼皮。轻轻地将眼皮略微向下捏一捏。

14. 把高光小白点贴上，使眼睛能够表达出视线方向。

重复以上步骤制作另外一只眼睛。如果两只眼球做的不完全相同，那么人物会看起来非常难看！

　　记住，聚合物本身具有黏性。当你将两片软陶紧贴着放在一起时，它们在加热过程中会自动粘贴到一处。在加热前不要使用胶水进行粘贴。

——罗宾

15. 制作嘴唇时，先用白色软陶做出一个橄榄形，然后用手指将红色软陶揉成细条。

如果有软陶挤出器，也可以用软陶挤出器来制作细长条。

16. 将细长条软陶围绕在白色橄榄型的周围，仔细地塑出嘴巴的形状。可以使用毛衣针来处理嘴唇的边角部位，或者借助黏土工具或任何在家里/工作室能够找到的带有光滑尖头的工具。

17. 动作轻柔地将眼睛、嘴巴和头发按压到头部上。为了更好地贴合眼窝的形状，可以用软陶切刀或者小刀把眼球的后部切去一部分。

如果打算加上耳环，则需要用尖利的工具在耳朵上打孔。

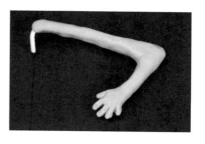

18. 为了使塑像的四肢连接处有更加结实且坚韧的支撑，就需要用到雕塑用铝线。切割下一段所需长度的雕塑用铝线，在连接处留出足够的长度，使其能够满足弯曲以及装配身体之用。钳子就可以将雕塑用铝线折弯。

19. 将手臂位置的铝线折弯形成肘部，围绕铝线在外层包裹上肉色的软陶。在肩膀位置将铝线折弯，以便能够安装到身体上。

20. 制作手掌时，在手臂下端增加一块软陶，用软陶切刀或者小刀切割出手指。在给手指塑形时，可借助毛衣针或者类似工具。小心地将软陶表面处理光滑。

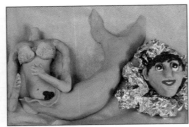

21. 通过按压来处理手指上的细节时，比如指甲处，可以用指甲修理工具或类似工具来完成。

22. 把手臂安装到身体上，并将所有周边细节处理光滑。可以在对作品进行加热之前把各种配件都安装到作品上面，只要这些配件不会由于温度过高而融化。在这个案例中，我用贝壳制作了泳装上衣。

在烤盘上铺一张烘焙油纸或者锡箔纸。在头部下面垫一些锡箔纸以避免头部滚动。进行烘焙加热之前再好好检查一下整个作品。嗯……我不太确定鱼

尾部分是否还需要添加一些纹理。我需要试试看。

23. 在进行了几次尝试之后，我决定使用一枚圆形切割器来制作尾部纹理。我对整个鱼尾部分都进行了切割处理，层层叠叠的，并且使鱼鳞略微翘起来一些。这个纹理效果不错。

现在该加热烘烤了，Sculpey 软陶通常需要 275℃下加热 15 分钟（查看一下你所购买软陶的说明书）。之后晾凉。

24. 现在要开始最有趣的部分了——对作品进行装饰！

- 我用一支旧耳环给美人鱼做了一顶皇冠。
- 然后给她戴上了一条项链。
- 接下来，我用软陶切刀和装饰剪刀加工出一个臂环，并用银色装饰物加以装饰。
- 我又用小贝壳和珠子做了一对微型耳环。
- 我们的美人鱼当然正在阅读着罗宾最喜爱的莎士比亚戏剧集，戏剧集由一本微型书制成，我在 InDesign 软件中给它做了一个书皮。

- 我找到了适合的字体（Blackmoor），在 Illustrator 软件中把"美人鱼客栈"的文字排好版，并打印出来。之后借助转印纸把这些文字转印到了染过色的标牌上。
- 我把文字处理成了金色的。为了形成边缘粗糙带有古旧感的效果，记得一定要先打一层红色的底漆（参见 4.9 节）。
- 最后借助 E-6000 万用胶，我把美人鱼和漂亮的扇贝壳粘贴到了标牌上。

从上图能够看出，利用三维作品创作出的插画能够增添多么大的视觉冲击力。

原始作品目前正傲然悬挂在圣达菲美人鱼客栈的门厅里。

尽管看起来很复杂，但创作这幅美人鱼作品仅用了三个小时。

——卡门

我对黏土动画和黏土雕塑非常着迷。也许是因为我一直很喜欢实物模型和实景模型。曾有一段时间，我认为能够发挥我技艺的最佳工作就是为博物馆做平面设计以及制作模型。但命运使我走上了其他岔路，也就再没有机会去追逐这一梦想了。

我曾醉心于由威尔·文顿工作室创作的"加州葡萄干"系列电视广告，在那之后，我尽自己所能去搜寻黏土雕塑和黏土动画元素的插画案例。我最喜爱的当代插画家是红鼻子工作室的创办者——克里斯·西克尔斯。克里斯创作了许多不可思议的、迷人的人物用于其插画作品，从 How 杂志封面上的职业发展主题，到美国退休者协会倡导的能够负担得起的医疗保障项目。当 How Design 主题会议在芝加哥召开时，我得到了一个与这位谦逊的年轻人交谈的机会，而那时的我表现得像个轻佻的迷妹。克里斯则慷慨地与我分享了他的技巧，还回答了我几个关于黏土雕塑方面的问题。他给我看了他的几个小塑像，甚至还送给了我一份宝贵的插画副本，那是用黏土为"红线项目"创作的插画。

今年，我也即将完成自己创作的童书——全部采用黏土雕塑进行人物造型，其中还包括我创作的建筑模型。因此可以看出，不管怎样，生命总有办法给我们机会，让我能够追逐自己的梦想。尽管不能为自然历史博物馆创作纳瓦霍村庄的场景，但是我也在创作属于自己的作品。

——卡门

尝试一下软陶吧！

以软陶为材料进行创作，除了制作雕塑作为设计元素之外，其实还有很多其他选择：可以用薄薄一片软陶制作背景纹理；将树叶压入软陶中；用软陶制作字母块，和字母印章一起印刷标题；手工雕刻软陶字母，并用色彩进行装饰，创作出马赛克风格的插画。我们保证，一旦你的工作室里有了软陶，就一定能够找到方法将其用于你的数字设计中。

创作字体

不论采用雕刻的方法还是塑形的方法，都可以利用美妙的软陶制作出字体。或者也可以在众多的字母模具中挑选一个，如下图所示。

记住，你是一名数字设计师，因此不必过于纠结用模具制作出的字母尺寸是大还是小。你需要做的是：制作字母、加热烘烤、根据喜好涂上颜色，然后进行扫描并用于你的数字设计作品中。

软陶挤出工具

软陶挤出工具能够给你带来很多快乐，如下图所示。工具配有多个端头，可以通过挤压做出头发或者各种形状的长条。使用软陶切刀将挤出的长条切割成小块薄片，可用来装饰作品。

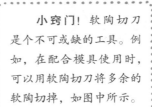

小窍门！ 软陶切刀是个不可或缺的工具。例如，在配合模具使用时，可以用软陶切刀将多余的软陶切掉，如图中所示。

开始工作!

可以用软陶和厨房工具（不必非得拥有面条机）创作出许多简单的插画。你需要为牙医诊所、汽车润滑油店、兽医站设计提醒明信片吗？用软陶雕塑元素来创作吧！是否有些项目需要创作宣传手册，比如本地的交响乐音乐会、你最喜欢的餐馆、计算机维修中心、搬家公司？你肯定可以用软陶制作出一辆搬家货车！扩展你的设计视野，考虑使用软陶作为创作插画的材料吧。就如这个案例所示，可以将软陶雕塑和漂亮的纹理背景有机结合起来。

我从花坛里抓了几片叶子，用擀泥棍将软陶擀在叶片上，以印出叶片上的叶脉。然后把软陶切下来，塑成图片中的样子，加热烘烤。接下来将软陶涂上紫色的丙烯颜料，用涂抹颜料的技法做出变色的效果，使得叶片有向外跳脱的立体感。最后，我把叶片粘贴到之前创作的一幅既有纹理又有色彩的背景图上（参见 2.2 节）。

约翰·托利特用软陶做了这只小狗，然后配合泼洒颜料效果（参见 3.7 节）的背景做出了一幅明信片，看上去轻松愉快又充满活力。

5.4 用拼贴画创作插画

工具和材料

- 可供粘贴的画胚
- 供剪切用的纸张
- 黏合剂
- 剪刀和 / 或 X-acto 多用途小刀
- 抛光工具

本节比较简短，主要是提醒大家拼贴画不仅可以用来创作抽象的背景，还可以用来创作插画。在 4.2 节和 4.3 节中，卡门详细介绍了如何制作和组合拼贴画。在这里，我将通过几个案例来介绍如何利用简单的图形装饰平面设计图，以及用于网络项目，尤其适用于那些不太擅长绘画的设计者。

还可以尝试将拼贴画与拾得艺术品（参见 5.2 节）相结合，共同创作三维插画。除此之外，还有许许多多的可能性！

——罗宾

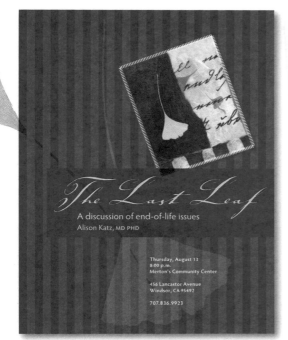

这幅小型拼贴作品中的背景纹理是通过海绵和印章印制上去的。

这幅海报中应用了一小幅拼贴作品作为插画元素。我将这片大银杏树叶进行了扫描，在 InDesign 软件中直接作为拼贴元素应用进去。

这幅广告中用到的黑纸，是在手工用品店找到的成千上万种不同的纸张之一。这些种类繁多的廉价纸张数量激增，还要归功于剪贴簿爱好者群体的增长。充分享受它带来的便利吧！

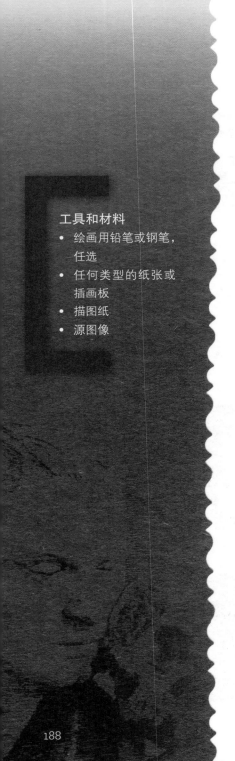

5.5 不会画画怎么办

卡门和我的爱人约翰·托利特都很擅长绘画，我却不行。如果你是一位很出色的插画家，请略过这一节。但如果你尚且不是一名出色的插画家，或者想多学些技巧以便来日应用，那么请继续阅读本节。

每个方法都遵循同样的原则——欺骗左脑。我们的左脑具有判断的功能，它会判断出一些绘画看起来很丑、很糟糕。如果我们欺骗左脑使其认为我们其实并不是在绘画，那么它就无从批评，然后就会对最终呈现的结果惊叹不已！这就是倒置图像画法背后的基础理念，贝蒂·爱德华兹的经典图书《用右脑绘画》中也对此进行了论述。

记住，即使最好的插画家或者画家也会使用原始材料。原始材料可能是有生命的模特，静物水果，一张照片，或者来自于杂志、图书中的某些作品。如果作品日后会出售，那么你务必要确定使用的源图像没有版权保护，但如果是习作就可以使用任何原始材料。经过这些技术处理，你的绘画将形成自己特有的风格。一切就这样自然而然地发生了。

——罗宾

工具和材料
- 绘画用铅笔或钢笔，任选
- 任何类型的纸张或插画板
- 描图纸
- 源图像

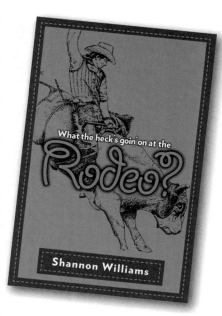

我姐姐写了一本关于牛仔竞技的小书，整本书的插画都采用了点画法，本书第 191 页将会详细介绍。

格子画法

你可能在拼图书里看到过这种技巧。如果是用铅笔进行绘画，试着使用软铅芯的铅笔，比如 4B 铅笔，这样画出的黑色部分和阴影部分的效果比较好。

   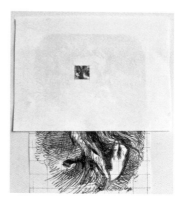

1. 在你的源图像上打上网格。越是感到信心不足，网格就越需要打得小一些。如此处理之后，请记住，你并非需要画出的成品与源图像一模一样——否则的话，又何必这么麻烦呢?

2. 在将要绘画的画纸上打好同样的格子（格子大小与源图像不同没关系，但比例需要保持一致）。如果打算用铅笔和画纸来画，就在画纸的背面打格，然后借助于灯箱或者窗子玻璃的光线来画。如果打算在插画板上用墨水笔绘画，那么就在插画板上直接用铅笔轻轻地画出格线，并且需要在正式绘画前测试一下墨水，确保在用橡皮擦掉铅笔网格时，墨水绘制的画迹不会被弄脏。

3. 做一幅遮盖页，上面切割一个方孔，大小与源图像上的格子相同。

4. 用遮盖页盖住源图像，只在方孔位置露出图像。你要做的就是在另一页纸上，对所看到的部分进行再次创作，并注意与相邻方孔的边缘处互相连接匹配。

通过这个方法将自己限制在这一隅方孔之中，你就不会过于担心，过于严肃地评判自己的画作。而且作为一名设计师，无论怎样，你都有足够的能力将这个方孔内的图像画好。

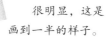

很明显，这是画到一半的样子。

复印源图像

在对一幅图像进行描图处理之前，先用复印机复印图像，然后将复印件再复印，直到仅留下最基本的线条轮廓为止。或者在 Photoshop 软件中使用色阶调色板功能，将一幅数字图片过度曝光，这样处理之后，只会留下图像的重要轮廓。如果你的绘画经验没有那么丰富，从图像的基本轮廓开始会比较容易一些。这个方法很不错，它也能够帮助你得到计划进行雕刻的图像，具体技法参见 6.3 节。

1. 找到没有版权保护的源图像或者符合"合理使用"原则的图像。尽管你是自己画出的这幅图像，并且在原图的基础上有所改变，但如果原图是拥有版权的，你还是会陷入麻烦当中。这的确有点难以分辨。可到图片版权相关的网站上进行查询，以确认图像是否可用。

2. 通过复印机将图像进行复印。如果复印机可以调节曝光模式，就将曝光模式调高。将高度曝光的图像再次复印，反复进行多次，直到得到想要的效果。或者，如果源图像是数字文件，也可以在 Photoshop 软件中的色阶调色板中调节曝光度，使图像仅留下主要轮廓，如上图所示。

3. 现在可以利用这个复印件进行描图、上色、印刷、点画、雕刻，等等。

在上图的案例中，我在图像上覆盖了一张描图纸，然后使用带有极细笔尖的绘图笔，在阴影和深色区域，描画出了一系列水平线。当然，画好之后，我对图像进行了扫描。

　　一旦你得到一幅经自己处理过的图像，还可考虑使用本书中介绍的其他技法。例如，将图像扫描并打印到 Lazertran 图像转印纸上，然后再转印并应用到项目中（参见第 220 页）。

——罗宾

应用点画法转印图像

通过点画法（绘制微小密集的小点），你能够创作属于自己的具有独特视觉效果的图像。对最终作品进行扫描之后，还可以进行着色处理。

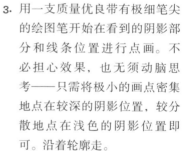

1. 找到没有版权保护的源图像。

首先，我在 Photoshop 软件中，将约翰的这幅照片调成了灰色图（打开图像菜单，点击模式选项），并且使用色阶控制使得阴影处有明显的对比。我需要所有我能得到的帮助。

2. 用胶带把描图纸贴到图像上。

把图像和描图纸放置在灯箱上（可以买小型便携灯箱，价格很便宜）。如果没有灯箱，也可将图像和描图纸贴到窗户玻璃上，借助日光的光线进行描绘。

3. 用一支质量优良带有极细笔尖的绘图笔开始在看到的阴影部分和线条位置进行点画。不必担心效果，也无须动脑思考——只需将极小的画点密集地点在较深的阴影位置，较分散地点在浅色的阴影位置即可。沿着轮廓走。

如果在开始阶段，画作显得有些粗略也不必担心。继续往下画，尤其当你将深色区域和阴影部分不断加以填充，效果也将逐渐显现。

如果最终画作同时呈现出了密集的深色区域以及反差强烈的浅色区域，那么这一技巧的效果就达到了最好。

尝试各种工具

如果你不喜欢以任何方式创作的插画，那么有可能是还没遇到使你感到特别轻松的风格，或者合适的工具。每当我拿起绘图笔尝试进行绘画，总是会感觉自己很笨，因为我的画看上去糟糕极了。但是有一天，在一家美术用品店里，我发现了一支乌鸦羽毛笔（历史上，用乌鸦羽毛做成的笔能够画出最为精细的线条）。我开始使用这支笔很随意地画一些速写（看看剪贴画），尽管这些画中大多数还是不好看，然而时不时我会得到一些有趣的东西，因为乌鸦羽毛笔创造了一种天然形成的粗细线条，本身就很有趣。因此，如果你感觉不是那么得心应手，就试试另外一种不同的创作方式——也许你只是还没有遇到能够与你完美契合的那一个！可能是木雕、钢笔画、点画法、缝纫、马赛克、黏土、纸浆、刮画板⋯⋯

我永远也不可能以插画家的身份去赚钱，但至少我可以为自己做些有趣的小项目，而不会感觉很糟糕！

——罗宾

从其他技巧中获取灵感

如前一节所述，拼贴插画如此简单，你可能会发现自己真的很喜欢这种技巧。因此，完全可以采用这一技法并加以拓展——尝试绘制那些简单的形状，而不是从纸张上剪下来。

谁知道你会形成怎样独特的风格呢？或者你也许会利用复印机循环复印来使图像简化到只剩下最基础的形状，然后再下决心画出这些基础轮廓，并用于不同的插画。

把图描下来！

别忘了很多书中会带有没有版权保护的插画和照片，可供描图并应用于自己的项目中。可以参见 Dover 的目录，搜索 dover publications 即可。这里有数以千计的图书，所有的图像都不具有版权保护。

在刮画板那一节，我从一本很棒的书中描下了那些鱼的图案，书名是《世界动物图案 4000 例》，这是一本资料书，由格雷厄姆·莱斯利·麦卡鲁姆编写。

描图是一个历史悠久的传统。你描图或者临摹的大师画作越多，就越能够学到画家是如何构图的。尽管你像我一样（既然你在阅读这一节）也许永远也无法成为一名专业插画家，但是你的绘画功底会得到提高。

将各种技法结合起来！

你必须承认，你的身边有着源源不断的材料供应——在你的书桌里、抽屉里、车库里、街道上、远足途中、茶杯里——这些材料都可以拿来创作插画，并且在经过数字化处理之后，还可以用于你的平面设计作品中。把它们都结合起来吧！还可以将这些材料与拼贴画、纹理、软陶以及右图刮画板标题写着的"你并不知道的所需要的东西"全都结合起来。所有这些，加上你在数字设计方面的专业技能，你将不仅得到一幅足以获奖的平面设计作品，而且因为这些数字作品都是通过你的双手创作出来的，你还会收获极大的满足感和美好的回忆。

——罗宾

STUFF YOU DIDN'T KNOW YOU NEEDED.

RIO GRANDE SHOPS
Unique Gifts

Conveniently located in the dumpy little shopping center next door to the big new expensive mall

印刷和转印

第6章

可以使用各种简单的印刷技术来创作带有独特纹理和特点的图像。如果你还从来没有自己动手印刷过图画，那么你会发现，自己雕刻并手动印刷是一个多么令人满足的过程。

你可以创作个人专属的印刷品，将其数字化后应用在项目中，或者打印出一幅商业作品，在上面添加个人印章或手动印刷的图像。

本章还会展示几种转印图像的方法，以使图像转印到各种类型的画胚上。这些技巧不仅便于创作末稿以供客户审阅，而且也为你增添了技能，拓展了在设计创作中的选择空间。

6.1 滚轴印刷

用廉价的泡沫橡胶滚轴轻松快捷地创作出不断重复的图案。参见第 198~199 页。

6.2 用印章印制图案

不要忽视了简单的印章印刷艺术。如果能够巧妙地利用层层叠叠的印章图案以及剪裁技巧，它们将为你的平面设计作品增添丰富的个人色彩，而且价格也很低廉。参见第 200~203 页。

6.3 版画

用刻刀在画胚上刻出丰富、有机的形态，这种刻好的印章有多种用途。在本节中，我们将展示一系列可能实现的印刷技巧。参见第 204~215 页。

用橡胶雕刻块雕刻印章

橡胶雕刻块最易雕刻——比奶油还容易。参见第 206~209 页。

用油毡块雕刻印章

油毡块比橡胶雕刻块的密度大些，因此可以在油毡块上雕刻出更加精细的图案。虽然油毡块的雕刻难度略大一些，但是能够提供更加丰富的可能性，而且它的使用寿命更长，可以印制更多的图案。参见第 210~211 页。

用木块雕刻

木雕能够创造出具有传统风格的粗犷的外观，这是因为我们在进行木雕创作时需要切割到木头的纹理纤维。（不要将木雕与木版画相混淆。木版画是在木头的横纹纹理面进行切割。二者使用的工具也不同，木版画能够把线条和细节雕刻得非常精细！但本书中并未涉及。）参见第 212~213 页。

用拾得艺术品进行雕刻

用身边的材料来制作印章，比如在家里或工作室发现的树叶、硬纸板图形、旧瓷砖、海绵、砖块等，任何可以蘸上油墨并把纸张覆盖在上面的材料都可以作为印章使用。参见第 214~215 页。

6.4 转印图像

对于为客户提供末稿来说，将图像转印到各种不同的画胚上是一个特别有用的技法，同样也可以拓展你的创意思路。参见第 216~221 页。

将图像转印到聚合物材料上

将图像转印到一片聚合物媒介剂或者亚光媒介剂上。参见第 217 页。

将图像直接转印到画胚上

将图像直接转印到项目作品上，例如一幅拼贴画或者产品本身。参见第 218~219 页。

使用 Lazertran 图像转印纸进行转印

使用 Lazertran 图像转印纸可以将图像转印到几乎任何物品上。参见第 220 页。

使用包装胶带进行转印

使用这一超级简单的技法可以将透明的图像转印到任何地方。参见第 221 页。

6.1 滚轴印刷

工具和材料

- 光面或带有图案的廉价泡沫橡胶轴
- 橡皮圈和/或线绳
- 丙烯颜料
- 滚上油墨的纸张

也可使用旧橡胶滚筒。

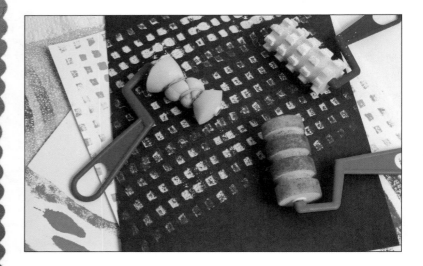

　　使用廉价的泡沫橡胶滚轴，可以很轻松快速地制作出不断重复的图案。可以直接购买已经刻好图形的滚轴，也可以购买一些圆筒，自己刻出形状。或者仅在泡沫橡胶上绑一条橡皮圈，来做出在两秒之内可以进行改变的随机图案。

　　如果你有不想要的旧橡胶滚筒，也许滚筒上有裂纹，也许有东西粘在上面，因此并不适合用来印刷，那么可以赋予它新的生命——在滚筒上粘贴一些东西，例如一条线绳、五彩纸屑、几根牙签、带有镂空图案的卡片纸，等等。或者用雕刻工具直接在橡胶上刻出图案。

　　将滚轴或滚筒蘸上丙烯颜料或者版画油墨，在纸上滚动印出图案！

这个滚轴能够印出漂亮的斑点纹理。尝试将它与本书中的其他技法结合使用——先用丙烯颜料涂抹一层底色，然后在局部涂抹另一种颜料后擦掉，接下来在涂抹颜料的某些位置用砂纸打磨使底色裸露出来，再泼洒颜料，最后用滚轴印出图案，也许再用海绵蘸出一些纹理。

6.2 用印章印制图案

专业的设计师们往往对橡胶印章不屑一顾。所以试试找一家精品艺术商品店，看看有没有印章用品售卖。可以用许多方式来应用这些很棒的工具，从而拓展数字设计的可能性，比如将印好的图案剪切下来用于拼贴画的创作。

使用印章的诀窍就是：将印章交叉层叠着印出图案，并且结合其他技法使用。这样看起来就不像是仅仅用橡胶印章盖了几个印儿而已。尽量利用众多的图像，并结合你的创造力，以期创作出独特的外观。

一定要检查印章制造商的版权政策！有些允许手工印制图案，但不允许复制图像。别忘了你是一名平面设计师——完全可以自行设计印章！

——罗宾

为平面设计作品定制自己的印章

利用你自己的数字设计图像或者没有版权保护的图像（比如来自 Dover Publications 网站），可以在本地的办公用品店或者网上轻松定制印章。试着找到一家能够制作"平凹版"的商店，因为这样制作好的印章也可以与软陶配合使用。如果在网上找，搜索词输入"定制平凹版印章"（不必输入引号）即可。

如果可能的话，可要求将定制好的印章镶在一枚亚克力块上面，这样就可以清楚地看到印章放置的位置了。如果你想自己把印章镶上去（如第 203 页所示），那么可以在手工用品店购买到专门配合橡胶印章用的亚克力块。或者也可以不将印章镶嵌到亚力克块上，这样每次用完之后可以直接把印章丢进水桶里清洗。

给印章上墨

当然，你可以把印章印到印台上，然后再把图案印到纸张上。但是不要把自己限制住了！

试试 Marvy Brush 马克笔吧。可以在需要的位置选择性地涂上多种不同的颜色。这些马克笔涂上的颜色可以在很长时间内保持潮湿状态，比大多数马克笔保持的时间要长。这样一来，你就有足够的时间应用多种颜色了。

可以用**滚筒**在印台上**滚动**蘸取墨水，然后再将墨水转移到印章上面。这种方法对于尺寸比印台大的印章尤其适合。

在**调色盘**中，将丙烯颜料加水混合，或者将 LuminArte H$_2$O 品牌亮丽的颜料加水混合，然后将调色盘当作"印台"使用。

可以买些"**猫眼**"印台。"猫眼"印台的形状可以使你在一枚印章的不同位置应用不同的颜色，最终作品的效果会更加有趣。

用橡胶印章在黑色纸张上印制图案

当然，你没法用橡胶印章蘸取淡雅的水彩颜料在黑色纸张上印制图案，不是吗？但是，我花了 9 个小时，跟着弗雷德·B. 穆莱特参加了他的一场很棒的专题研讨会，主题就是关于橡胶印章的，他教会我的内容之一即为如何在黑色纸张上印制图案。操作起来相当简单——首先将印章蘸入纯漂白剂中，然后将印章盖到黑色的纸张表面。清洗印章，待图像慢慢显现——黑色会逐渐褪去。在上面的案例中，我用同一枚带有鱼形图案的印章，在调色盘中蘸取水彩颜料，然后将颜色印在纸张上褪色的位置。颜料干燥之后，我将不透明的白色颜料涂抹在印章上希望显示白色的位置，再次在纸张上印上图案。最后，我用画刷蘸取水彩颜料给鱼画上了眼睛。

我使用了 L 形支架（由木头或者塑料制成的字母 L 形状）来固定印章块的位置，这样就可以每次都印在完全相同的位置。

土豆印章

你肯定还记得儿时玩过的游戏，用土豆雕刻一枚印章，用来在纸上印制图案，对吗？使用的工具如此简单，这个技法也太容易了。只需雕刻、蘸取丙烯颜料或者配合印台上墨、印上图案即可完成。

橡皮印章

就像使用土豆一样简单——而且更加耐用——这就是橡皮雕刻的印章（如下图所示）。我们最喜欢使用的是 Magic Rub 品牌的橡皮。在橡皮表面画上图案，用 X-acto 多用途小刀进行雕刻，然后就可以用来印制图案了。

向印章上喷水

印章蘸取一次颜料可以在纸张上多次印制图案，但是如果每次印制图案之后，用水喷一下印章，印章上的颜料含有的水分就会更丰富，印出的印迹稍显模糊，得到的最终图案看起来会更加有趣，也更具有抽象效果。用重新涂抹了颜料的印章，将之前一两步印出的水性印迹再次重复印制，可以使作品的细节更加清晰，而且赋予了作品纵深感。

定制亚克力块印章

　　我用亚克力块和手工泡沫橡胶片（如下图所示，薄片散页）制作出了这枚印章，亚克力块和泡沫橡胶片都可以在特定商品店和手工用品店买到。当然，亚克力块是透明的，这样我就可以看到印章印上图案的位置。而且亚克力块可以重复使用——只需去掉用过的泡沫橡胶印章，贴上新的即可。

　　这种手工泡沫橡胶片通常带有背胶，但我不建议使用背胶粘贴，因为背胶会把泡沫橡胶片牢牢粘在亚克力块上，这样想要将泡沫橡胶去掉，重复利用亚克力块就很不方便。所以我通常用一点凝胶将泡沫橡胶粘贴到亚克力块上。

Emilia the Abbess is the mother of the twins Antipholus and Antipholus, and is foster mother to twins Dromio and Dromio. She resolves all the issues at the end of the play by the story of her shipwreck, rescue, and the kidnapping of her children.

She became a joyful mother of two goodly sons.
Egeon, husband of Emilia, *The Comedy of Errors*, 1.1.50

将泡沫橡胶卷起来制成印章

　　还有，别忘了本书 3.9 节介绍的技法，将泡沫橡胶片卷起来做成印章。剪下一条泡沫橡胶片，沿着一条边剪出形状纹理（或者两边都剪），卷起来，这样就得到了一个既独特又抽象的印章。

　　我希望以四颗心的重复图案来代表伊米莉亚的四个孩子（出自莎士比亚著作《错误的喜剧》）。我把印章印满了整页。因为印章底座是透明的，所以我能够清楚地看到该在哪里印上深红色，以恰到好处地盖住下面原有的浅色印记。

用力压！

　　用印章压印图案时，一定要用力，这样才能得到清晰的图案。以站立姿势，将上半身的力都压在印章上。有些人甚至会借助于橡皮锤。

6.3　版画

工具和材料

- 一片 1/4 英寸厚的玻璃，尺寸至少在 12 英寸 × 12 英寸以上（将玻璃的边缘用胶带粘起来，以免割伤），或者一片有机玻璃
- 质地柔软的印刷滚筒，宽度最好大于 4 英寸
- 印刷用油墨（我比较偏爱水性墨水，因为容易清洗）
- 印刷用纸张
- 拓宝（圆形抛光工具，如右图中右下角所示）或者一把勺子

切割工具和印章块，视项目而定：

- 油毡雕刻工具、木雕工具、X-acto 多用途小刀，或者剪刀
- 橡胶雕刻块、油毡块，或者木块

　　木雕和油毡块雕刻无论对于业余艺术家还是专业人士都一直是很受欢迎的。制作过程相当简单，并且随着橡胶雕刻块这样的新产品的出现，现在比以往更容易创作出精美的作品了。

　　基本上，就是应用能够雕刻出不同种类线条的各种切割工具，在材料块上刻出图像。未经雕刻的材料表面将会涂上墨水；切割掉的位置将露出画胚原有的颜色。你也许需要反向操作，所以如果你的图像中包含了文字，就需要将文字部分反向切割（反向切割并不比正向切割操作难度大）。

　　印刷的环节都是相同的（参见第 206~208 页），因此一旦雕刻完成，并在印章表面刷上了油墨，那么对于其他材料的印章也都是相同的操作方式。

这幅雕刻中的文字是基于雷·拉拉比创作的Sybil Green 字体。我并不希望雕刻出的文字与这个字体完全相同，因为没有什么意义。你可以看出，我在实际设计时用 Photoshop 软件将字体做了些细微调整，然后才应用于项目中，制作出了一枚服装标签。

——罗宾

如果你希望印出的图像具有原始的手作质感，那么雕刻印章尤为适合。而如果期待得到精细的、线条繁杂的作品，这个技法就不那么适用了。当使用雕刻块时，我们所希望得到的是结实的、非写实的、线性纹理的图案。

我们可以应用这些技法来模拟19 世纪流行的雕刻外观，或者狂野西部木雕的样子。我个人认为，

块状材料雕刻技法尤其适合创作各种字体的字母，可以印刷在纸张上，扫描，然后用于开头的大写字母、logo、标题——所有需要特殊字体的情况。

作为一名数字设计师，应该强调这种技法的质朴本质，而不要试图将它变成别的样子。好好利用它的那种天然状态吧。

小窍门！因为这些是印刷材料块，所以可以考虑作为个性化设计元素，手动印刷到大规模生产的设计作品中。

例如，也许你手上有一套明信片、感谢卡、海报、入场券、传单，等等。仅需一分钟就可以将雕刻块上的图像印上去。对于光面纸，试试酒精墨水，参见本书 2.6 节中的内容。

——罗宾

用橡胶雕刻块雕刻印章

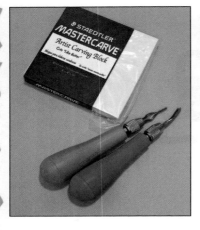

橡胶雕刻块可以在艺术商店或特定商品店购买，用它进行设计创作是一项巨大的乐趣，并且能够激励你创作出更好的设计作品。

雕刻时使用传统的毛毡块雕刻工具，如上图所示。将刀刃**切入橡胶**，雕刻图像。

工具的尾部可以拧下来，里面装着各种类型的刀片。尽管来回更换刀片会使人厌烦——如果你对雕刻非常感兴趣，也可以花点钱给每一片刀片都配上一把刀柄。

1. 在橡胶块上画上一幅画或者描一幅图，具体操作方式参见第 10~11 页。记住，当你将图像印在纸张上时，图像会发生反转，因此在设计图像时要考虑这一点。

如果你计划要印刷字母或者单词时，这一点尤其重要：一定要确保将字母画到橡胶块上时是反向的，这样在印刷时才会是正确的。

小窍门！ 当使用 Speedball 公司生产的 Speedy-Carve 系列橡胶雕刻块时，你可以用温热的熨斗或者热转印工具将图像转印到雕刻块上！这太方便了！

你可以通过喷墨或激光打印机、新闻纸，甚至铅笔来转印图像。

用这种方法转印图像，需要使打印或画出的图像**保持正向**，因为当你把它翻转过来用熨斗转印到雕刻块上时，雕刻块上的图像就会再次反转，而这正好是你想要的。

——罗宾

2. 将希望留白的位置切掉。切割时不要把手放在刻刀前面——很容易打滑，把自己割伤。

- 有趣的线条和纹理使作品更加吸引人，所以在整块材料表面都雕刻出图案吧。如果希望得到完美的直线和平行线，切割时可借助钢尺。

- 记住，没有切割掉的部分才是最终印刷上的图案。

- 非常精细的线条之间的部位往往会被墨水填充，因此需要确保线条之间的沟槽有足够的宽度——精细的线条设计还是留给木雕或者刮板画吧。

- 切割掉的面积越大，越需要切割得深一点。避免切割掉的区域蘸上墨水之后，在印制过程中产生墨点，本来那些地方是期待留白的。

3. 将印刷墨水用滚轴滚到调色盘上（我最喜欢配合印刷墨水使用的调色盘是一片玻璃）。
如果你希望得到渐变色的效果，就将两种颜色的墨水并排滚到玻璃调色盘上。垂直滚动，保持两种颜色的滚筒处于同一平行轨迹。
当听到声音不对劲儿时停下滚轴——当听到杂音时，你就会反应过来。墨水应该是平滑的。
如果你使用了两种颜色，那么在它们的交界处，这两种颜色会融合到一起。

4. 小心地将墨水滚动到雕刻好的材料表面。别让墨水填充到凹槽里，但同时要确保整个表面都刷到了颜色。

小窍门！在小型雕刻块上雕刻图案时，通常比较容易用一只手将它握住保持静止，用另外一只手转动雕刻块。这也是传统的制作木雕的方式，而且我发现这种方式对于雕刻橡胶块也非常适合，尤其在雕刻细小曲线时。

——罗宾

5. 小心地将纸张覆盖在印好墨水的雕刻块上——把纸张放在离雕刻块很近的位置，放手让纸张自然下落到雕刻块上。

这不是橡胶印章！

不要把雕刻块放到纸张上面，相反，把纸张放到雕刻块上面。

6. 在纸张背面轻轻地摩擦，但力道要坚定，整个印刷区域都要摩擦到。如果没有上图中那样的拓宝，也可用一个汤勺的背面（实际上，罗宾更喜欢在这样的小型印刷作品中应用汤勺）来代替。

7. 掀起一角，看看图像印刷得是否清楚。继续摩擦，直到你认为图像很清晰为止——摩擦过程中可以随时掀起一角查看。摩擦完毕之后，将纸张小心地取下来，以便印上的图像不会打滑弄脏。

小窍门！在印制正式作品之前，先印几个黑色印样，看看雕刻块有没有哪里需要修改。左图中，你可以看到我印制的几个印样以及修改的过程。一旦能够清晰地看到印出的图像，我就知道哪里需要再多切割掉一些。

——罗宾

请记住，你是一名数字设计师，所以一旦你将图像印刷完毕并扫描之后，就可以再做进一步处理了——将图像反转、改变墨水颜色等。这体现了手作和数字设计两个领域的完美结合。

——罗宾

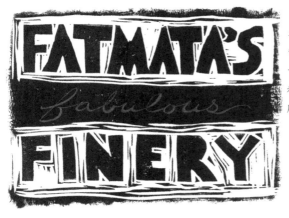

我的一名学生，名叫娜塔莉·弗莱，她为一家专门经营非洲面料的女装精品店雕刻了这个 logo。

字母雕刻出来往往效果很好，而且可以有多种用途。你肯定认出了这个大写字母 T 是 Garamond 字体——它在大写字母 T 上的衬线两边角度不同。这几乎是唯一一个有此特点的字体。

——罗宾

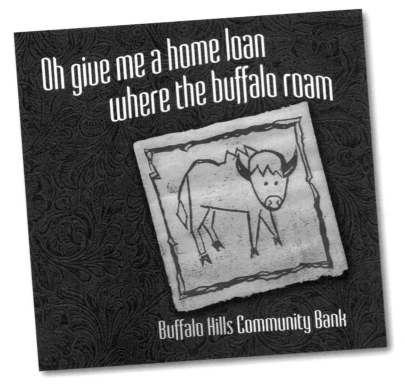

粗糙的图像和手工工具制作的皮革背景，使这家银行的宣传手册传递出一种轻松、友好的姿态，尽管其内容是关于一些可怕的事情，像家庭贷款。它还想获得当地农场主和这一区域内牛仔们的好感。而幽默感永远都是一个妙招，能够获得关注，并起到一定的安抚作用。

用油毡块雕刻印章

　　我雕刻上面这幅图大概花了两个小时的时间。如果仔细观察雕刻出来的样子（左图），你会发现我在醉心于雕刻时，不小心把两个女人之间的一列心形图案给割掉了。感谢上帝，我是一名数字设计师，因为我有能力在 Photoshop 软件中把所有这些都修改正确。

　　油毡块比前面讲过的橡胶块雕刻起来要难一些，但是能够得到更加精细的图案，尤其当你购买的油毡块品质比较好时。上图所展示的这种便宜的油毡块还可以，但我们会推荐 Richeson Easy-to-Cut 品牌的油毡块，因为它可以实现更加令人满意的雕刻体验。而对标准的油毡块需要加以注意，它通常被称为"灰色战舰"——虽然能够刻出精细的线条，但真的很难雕刻。

　　确保雕刻工具锋利！如果工具足够锋利，可以任意游走于油毡块中，则能够降低割伤手指的风险。强烈推荐雕刻时使用木工工作台，如第 212 页所示，它能够在雕刻过程中固定住油毡块。绝对是保护手指的好工具。

　　转印图像到油毡块，并用雕刻好的油毡块印制图案的工序，请参照第 206~208 页关于用橡胶雕刻块印制图案的方法介绍。

——罗宾

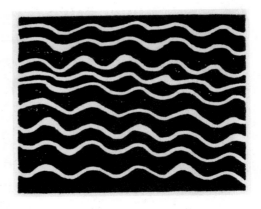

　　我雕刻上面这幅图大概花了三分钟。印出的图案将在各种数字项目中派上用场。实际上，在这一节页面的彩色边缘处，你就可以看到这个图形。

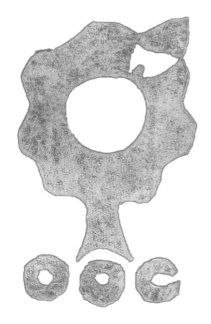

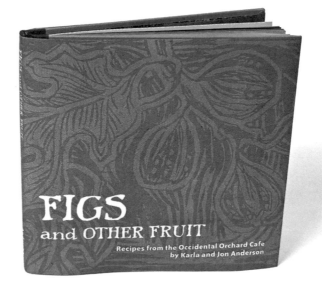

安妮·韦尼克把无花果的图像（右图）雕刻在油毡块上，用它来设计了这个雅致的图书封皮。她还把雕刻的原始图像的各个部分分割出来，作为环绕式封皮上的设计元素。安妮还设计并用油毡块雕刻了logo（如上图，放大后的样子）。

用木块雕刻

我最初的美术指导教师中的一位（也是最好的一位），名叫马克斯·海因（几年之后他告诉我，他还以为我不会有所建树呢），自从他建议我雕刻一幅图像，作为他教授的海报设计课的海报设计作业开始，我就对木雕产生了浓厚的兴趣。"什么是木雕？"我问道。他把我送回家，还带给了我木雕工具和一块木头。把我两岁的宝贝哄睡了之后，我用一片松木刻出了马克·吐温的肖像。这就表明，即使是我也可以做到。

木雕不像油毡块和橡胶块的包容性那么强，但这也正是它的魅力所在。这些图像传统上是很粗糙并且有良好触感的（除非你是日本的木雕家），而这种粗糙的质感又具有很大的自由度。

你可以在美术用品店买到不太贵的木雕刻刀（不要使用油毡块刻刀），这种刻刀能够在各种木材上面进行雕刻，从质地较软的杉木，到质地很硬的苹果木和樱桃木这样的果木。木头的质地越软，越容易雕刻，但不容易刻出精美的细节。

雕刻时一定要使用**木工工作台**，上面两幅图中都有显示！不要尝试不使用木工工作台来雕刻木头，因为这样有可能会切掉手指。在工作台桌面的一边，底下有一截挡板，把木头块推到另一边的挡板处。你可以像我一样利用废木头制作自己的木工工作台，也可以在美术用品店或特定商品店购买一个。通常木工工作台和墨板作为一套工具出售，很方便。

首先用一把平刀沿着线条切割一圈，角度向内倾斜，朝向图像。这样就切割出了一条隔断，之后当你将刀刃向前推进时，就不会把画上的图案割坏。

木雕的美感有一部分在于它粗犷的外观，所以不要做过多的清理——让人工的雕刻笔画显露出来。

转印图案和印刷图案请参见第206~208页的说明。

——罗宾

这不是我很久以前创作的原始版海报，但左边这个是那片原始的木雕。

我从世界各地收集印刷块，其中有很多既可以用作印章，也可以用作印刷块。

用拾得艺术品进行雕刻

用硬纸板印刷

　　我将瓦楞纸板切割出一定的形状，然后粘贴在一块更大、更坚硬的画胚上，保证粘贴上的形状不会移动位置。之后用滚筒刷上墨水，再印刷出来。

　　硬纸板的边缘不可避免地带有粗糙质感，不均匀的表面也为印刷出的图案创造出一种杂乱感，这就是硬纸板印刷所传递的鲜明个性。

用工艺泡沫橡胶印刷

　　从特定商品店购买的泡沫橡胶片很容易切割出各种形状。将切好的形状粘贴到更加坚硬的画胚上，用来印刷图案。

　　在此案例中，我将切割好的形状粘贴到了一张硬纸板上，这张硬纸板曾是一沓纸的底托。

印刷的具体方法请参见第 206~208 页。

用叶片印刷

可以用花园里的叶片来印刷纹理图案。首先将叶片夹在一本旧书中待其干燥；仅需几个小时的时间，就可以去除部分水分，但又不会把水分完全挤干。用滚筒来给叶片刷上墨水（参见第 207 页），墨水面朝下放在纸张上，用另一张纸覆盖在叶片上起保护作用，然后用手指按压摩擦，帮助印刷出清晰的纹理图案。

用露台地面印刷

几乎可以给任何物品刷上墨水，用它印出图案——我在水泥地面上刷上墨水，印出了这幅漂亮的纹理图案（我用的是银色版画墨水）。试试你家里露台的地面或者带有纹路的壁纸！

用字母块印刷

现在在我餐厅的桌子上，放着一个大个儿扁平抽屉，抽屉里面是古老的木头字母块（约翰在跳蚤市场买的）。我打开抽屉盖子，将它们中的一部分刷上版画墨水，印制出了这幅华丽的图案。我会为这幅图案找到很多用途的。

6.4　转印图像

工具和材料

- 用激光打印机打印
  或用复印机复印在
  证券纸上的图像
- 亚光媒介剂（可以
  使用聚合物媒介剂
  或凝胶）

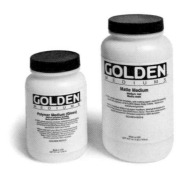

　　对于数字设计师来说，当我们在纸张上创作视觉形象以便将其进行数字化处理，并制成产品包装的末稿时，转印图像的技法就变得非常有用。例如，借助图像转印法，你可以向客户展示带有设计图案的金属罐装盒或者专利包装的实际外观效果。转印的图像是透明的，剪切下来的图像却不是。

　　不必尝试在光面的相片纸上应用这一技法了——不会成功的。相片纸带有一层无法去掉其背纸的覆膜。猜猜我是怎么知道的。

　　操作过程并不复杂——只需几个步骤，请保持点耐心吧。等待媒介剂干燥的同时，可以顺便整理一下计算机里的文件夹。

将图像转印到聚合物材料上

进行转印操作时，在图像表层刷一层聚合物乳液，然后将图像的背纸剥离下来。如果图像中有白色区域，背纸剥离之后将为透明状态。转印之后得到的图像能够弯曲，因此可以将其包裹在三维物品外面。准备进行转印的图像应该是**正向**的。

准备转印的图像必须由复印机复印或者由激光打印机打印至普通的证券纸上，但不能用喷墨打印机打印图像（嗯，其实也可以用，只是不能用水性墨水）。

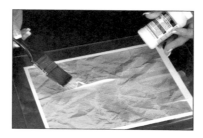

1. 将准备转印的图像正面朝上放在一片玻璃或者一张蜡纸上。
2. 在图像表面顺着同一方向小心地涂抹一层亚光媒介剂。待其干燥。用亚光媒介剂再次在图像表面涂抹，但不同的是，这一次画刷要反方向涂抹。重复以上操作，一共涂抹五层亚光媒介剂。

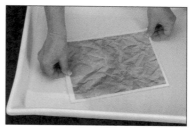

3. 待涂层完全干燥后，将纸张从玻璃或蜡纸上剥离下来。也许需要用 X-acto 多用途小刀先将纸张的一角掀开。
4. 将图像泡入一个浅水池（厨房水槽、托盘、平底锅都可以）中。浸泡至少一分钟。

5. 轻轻地将背纸撕下，尽可能多撕掉一些。

6. 然后将纸张正面朝下放入水中，用手指轻轻地把剩下的背纸搓掉。仍然有可能会撕毁图像，因此一定要非常小心。

7. 待处理好的转印图像干燥至完全透明。太神奇了——一张透明贴纸一样的图像，已经准备好可以应用于设计项目中了！使用亚光媒介剂、凝胶或者喷胶将转印好的图像粘贴到你的作品上。参见第 219 页中应用的案例。

将图像直接转印到画胚上

　　与之前介绍的技法的不同之处在于，这次是将图像直接转印到画胚上。可以将图像转印到软陶上，在加热烘烤之前或者之后都可以。这样一来，就极大地拓宽了在设计工作中应用软陶的可能性。

　　转印图像时，可以使用凝胶、聚合物媒介剂、亚光媒介剂、摩宝胶、丙烯颜料，甚至 Elmer's 品牌透明 Squeeze'N 填缝剂。

　　转印后的图像将会反转，因此要确保最初由激光打印机打印或者复印机复印出的图像是反向的。图像上的白色区域将会消失，转印图像下层的颜色将会显露出来，因此在进行图像转印时需要将这几点记清楚。

1. 把选好的媒介剂直接涂抹到将要转印的画胚上。不要涂得过于厚重，也不要太吝惜而涂得过薄。

2. 将图像正面朝下粘贴到媒介剂上。将其抚平贴紧。待其干燥几个小时，或者静置一整夜。

3. 待媒介剂完全干燥后，用砂纸将图像的背纸略微打磨一下，使其能够更快吸收水分。

4. 用海绵蘸上水，把图像的背纸浸湿。用手指轻轻地把背纸摩擦剥离下去。

5. 待其干燥。图像表面可能会带有一层白雾。可以将图像再次浸湿，让水分泡进去，然后轻轻剥离掉剩下的背纸。

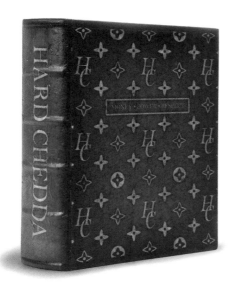

Hi 5ive Design 的弗雷德·霍普使用了第 217 页介绍的聚合物转印技法,用来在"书皮"上创作丝网印效果的副本图像。将"书"打开之后,里面存放了 CD 和其他促销物品。

小窍门! 当把图像转印到软陶上时,可以不必应用上面的步骤——只需将图像剪切下来,轻轻摩擦按压到软陶表面,图像正面朝下。不要马上将纸张取下来。根据使用说明,将软陶加热烘烤,之后再把纸张剥离下来。

——罗宾

直接将图像转印到画胚的技法在层次上提供了丰富的可能性,而这一点仅仅在 Photoshop 软件中是无法做到的。

使用 Lazertran 图像转印纸进行转印

Lazertran 可配合多种材质表面及不同类型的打印机使用。确保你购买的是所需要的种类！

我在这件展示盒插画中用 Lazertran 创作了玫瑰花图案。

Lazertran 太神奇了！它是一种特殊的纸张（在美术用品店或者网上可以买到），在送入打印机之后能够制作出一页贴花纸。放入水中浸湿，然后揭下背纸，就能够粘贴到几乎任何东西上——玻璃制品、陶瓷制品、金属片、纸张、木头、石头、石膏、皮革、丙烯颜料、真空吸塑成型产品、织物。转印的图像可以包裹在不规则形状的表面而不会起皱。这就意味着，你能够将任何可以打印（或印刷）出来的图像转印到任何物品上，用于数字设计项目中。对于不同的材料，有特定的工艺要求，所以你需要首先阅读使用说明，但都很简单。查看公司的网站，寻找使用 Lazertran 进行转印的精彩范例吧。

——罗宾

我将一张彩色激光打印机打印出的图像转印到了这个盒盖上，这幅图像本来是为卡门的专题研讨会准备海报用的。

使用包装胶带进行转印

这种技法既快速，成功率又高。包装胶带的宽度限制了图像的大小，除非你不介意能够看出一两条接缝（接缝几乎是看不到的）。最终图像不是反转的。

1. 复印图像或者用激光打印机打印图像。彩色、黑白都可以。

2. 将包装胶带盖在图像上。仔细打磨，确保粘贴得严丝合缝。修剪一下。

3. 将粘好的图像放入水中浸泡几分钟。

4. 将背纸轻轻搓掉。

现在你的手上有了一张透明背景的图像，这意味着你能够将它放置在另一个有趣的图像或者背景上面。用凝胶或媒介剂进行粘贴。因为这幅图像可以弯曲，所以你也可以将它包裹在物体的外围，然后将物体拍照并用于你的设计工作中。

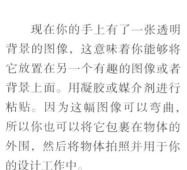

我用聚合物媒介剂将这张照片粘贴到了之前打印好的一张纸巾上（参见 3.13 节）。透明的照片透出了许多很棒的纹理。然后我利用 Photoshop 软件，将照片图像之外的部分在颜色上做了改变。

各类资源汇总

我们喜爱的相关图书

Image Transfer Workshop，作者：Darlene Olivia McElroy 和 Sandra Duran Wilson。一定要买到这本书！书中囊括了许多精妙的技法，可供数字设计师借鉴。

Claudine Hellmuth 撰写的关于拼贴艺术的书。

Graham Leslie McCallum 撰写的：

Pattern Motifs: A Sourcebook
4000 Flower & Plant Motifs: A Sourcebook
4000 Animal, Bird & Fish Motifs: A Sourcebook

关于印章、手工制作、拼贴艺术、版画、织物艺术、马赛克镶嵌画等主题的图书都能为你提供创新的、令人兴奋的技法，使你能够凭借自己的双手创作素材，并用数字化的方式呈现出来。

本书中经 iStockphoto 授权使用的图片

第 47 页，Spaletto's ad
    编号：1323181；来源：liewy
    编号：2701190；来源：YanC
    编号：3076973；来源：sportstock

第 49 页，Hot Summer ad
    编号：465197；来源：jjshaw14
    编号：3447305；来源：adamdodd
    编号：3856713；来源：tarajane

第 69 页，Plummet ad
    编号：4893237；来源：mountainberryphoto

第 83 页，Viaga ad
    编号：465197；来源：jjshaw14

第 83 页，Crest ad
    编号：8702818；来源：PaoloResende
    编号：8703151；来源：PaoloResende
    编号：8843649；来源：PaoloResende

第 103 页，Crightons ad
    编号：4980610；来源：lucato
    编号：4986894；来源：lucato
    编号：9933754；来源：photo_stocker

第 220 页，Margaret
    编号：4836227；来源：Liliboas

技术改变世界 · 阅读塑造人生

写给大家看的设计书（第 4 版）

◆ 适用于各行业与文字打交道的人
◆ 有大师指导，人人都能成为设计师

作者： 罗宾·威廉姆斯
译者： 苏金国，李盼 等

写给大家看的 PPT 设计书（第 2 版）

◆ 不懂设计？没关系，你只须遵循大师提炼的原则
◆ 热销书《写给大家看的设计书》作者又一力作
◆ 看完本书，你也能写出炫酷的PPT

作者： 罗宾·威廉姆斯
译者： 谢婷婷

简约至上：交互式设计四策略（第 2 版）

◆ "删除""组织""隐藏""转移"四法则，赢得产品设计和主流用户
◆ 全彩印刷，图文并茂

作者： 贾尔斯·科尔伯恩
译者： 李松峰

技术改变世界 · 阅读塑造人生

信息设计之美：如何准确传达丰富的信息

◆ TED创始人力荐
◆ 全彩印刷，百余案例分析设计的要义

作者： 乔尔·卡茨
译者： 刘云涛

设计体系：数字产品设计的系统化方法

◆ UX设计名师十年实战经验，"设计体系"新概念的开山之作
◆ 多位国际设计名师赞赏有加的数字产品设计方法论

作者： 阿拉·霍尔马托娃
译者： 望以文

设计冲刺：5 天实现产品创新

◆ 设计冲刺领域先驱传授多年实战经验，教你5天设计出成功的创新性产品
◆ 谷歌产品主管、微软用户体验总监倾力推荐

作者： 理查德·班菲尔德，C. 托德·隆巴多，崔斯·瓦克斯
译者： 陈东

TURING

图灵教育

站在巨人的肩上
Standing on the Shoulders of Giants